宠物饲草生产加工与饲养管理

贾春林　孙海涛　等 编著

U0305674

中国农业出版社

农村读物出版社

北　京

图书在版编目（CIP）数据

宠物饲草生产加工与饲养管理／贾春林等编著．——
北京：中国农业出版社，2023.8
ISBN 978-7-109-31000-1

Ⅰ.①宠… Ⅱ.①贾… Ⅲ.①牧草—加工②牧草—栽
培技术 Ⅳ.①S54

中国国家版本馆 CIP 数据核字（2023）第 155532 号

中国农业出版社出版

地址：北京市朝阳区麦子店街 18 号楼
邮编：100125
责任编辑：周锦玉 文字编辑：常 静 耿韶磊
版式设计：杨 婧 责任校对：吴丽婷
印刷：北京通州皇家印刷厂
版次：2023 年 8 月第 1 版
印次：2023 年 8 月北京第 1 次印刷
发行：新华书店北京发行所
开本：880mm×1230mm 1/32
印张：4.25
字数：120 千字
定价：25.00 元

编著者

贾春林　孙海涛　刘公言　高　润

张进红　刘　策　王国良　朱荣生

管　聪　吴　波　王素娟　白莉雅

王　勇　闫得朋　唐伟丽　张　印

陈春艳　高淑霞　杨丽萍

前 言

随着我国经济的高速发展和人们现代消费观念的更新，饲养宠物成为现代人新的休闲消遣方式与情感寄托。相比国际宠物市场，国内宠物市场起步较晚，但在2010年以后也呈现出较为快速的发展态势。未来，随着我国人均收入的提高、养宠人数的增长，国内宠物产业将迎来持续快速的发展。

宠物，按照动物学分类可以分为哺乳类宠物、爬行类宠物、鸟类宠物、鱼类宠物和昆虫类宠物。其中，占有最大数量和比例的是哺乳类宠物，主要代表有犬、猫、鼠、兔、马、牛、羊等。这类宠物的特点是有发达的脑部、敏感的神经和灵敏的感官，具有很好的学习能力，能够很好地适应环境，与人类的互动性较好，十分适合作为人们生活的伴侣。哺乳类宠物根据所吃食物的类型又可分为草食宠物、肉食宠物和杂食宠物。其中，草食宠物温驯软萌，对人的伤害性小，深得孩童及年轻人喜爱；但这类宠物被饲养的历史较短，多数人不了解其生活习性、饲喂方法、疾病防控等，导致宠物毛色暗淡、体弱多病，饲养者没有体会到养宠乐趣反而徒增许多烦忧。

宠物食品属于宠物行业上游产业，市场规模占比近40%，按宠物类型可分为草粮、肉粮和杂粮三种。其中，草粮一般指牧草，是草食宠物的主要食品。牧草不仅含有草食宠物必需的多种营养物质，还含有对维持反刍宠物健康特别重要的粗纤维，这是粮食与其他饲料所不能替代的。与猫粮、犬粮等肉粮、杂粮食品相比，我国宠物草粮食品产业刚刚兴起，对宠物草粮专用牧草品种选择、高产优质栽培、生产加工机械、草粮加工及功能性食品深加工等技术的需求非常迫切。目前，我国科技创新支撑能力还比较弱，这已成为制约该产业持续健康发展的主要瓶颈。

本书是在山东省牧草产业技术体系（SDAIT-23-2）、山东省农业科学院农业科技创新工程（CXGC2022A22）、国家牧草产业技术体系（CARS-34）、兔产业技术体系（CARS-43）等项目课题的研究基础上，不断吸收国内外先进技术和最新科研成果编写而成。本书从产业发展概况、饲草栽培技术、饲草加工、草食宠物及饲养管理等方面进行较为详尽的介绍，确保全书各章节知识点清晰，重点内容论述全面，可供宠物饲养员及宠物爱好者、宠物草粮生产者、萌宠动物园经营者阅读参考。

由于编著者水平有限，书中难免有不足之处，恳请读者谅解并不吝赐教。

编著者

2022 年 7 月 5 日

目 录

第一章 宠物产业发展概况

第一节　宠物产业

一、概　　况

发达国家宠物产业已有近 100 年的发展历史，在产业链中已经形成了宠物繁育、宠物交易、宠物食品、宠物用品、宠物服务和宠物医疗等产品与服务组成的产业体系。我国宠物产业起始于 20 世纪 90 年代初的花鸟市场，30 年来，随着宠物相关服务和产品的日益丰富、人民消费水平不断提高、宠物功能和养宠理念的转变，以及宠物产业在移动互联网领域交易模式和服务模式的改变，我国宠物产业经历了启蒙期、孕育期、快速发展期，目前迈入了稳定成熟期。1992 年，中国小动物保护协会的成立标志着国内宠物产业的形成，随后玛氏、皇家等国外宠物行业巨头纷纷进入中国，中国宠物产业开始不断发展。伴随着人民生活质量的提高以及家庭规模的缩小，人们物质生活极大丰富，全国大大小小的城市兴起了养宠热，宠物的饲养在一些人的生活中占据了重要的部分，宠物逐渐被更多人喜爱，与宠物产品和服务的相关消费不断增长。2020 年新型冠状病毒肆虐全球，对世界经济造成了巨大冲击。在多数行业都不同程度地遭受损失的同时，宠物行业展现出了与其他行业不一样的发展态势——逆势增长。有调查表明因疫情人们居家隔离，对于陪伴的情感需求提升，而宠物能够很好地满足人们的这一精神情感需求。

根据中国农业大学动物医学院的研究显示，当一个国家的人均 GDP 在 3 000～8 000 美元时，宠物产业将快速发展，目前中国宠物产业正处于快速发展期。根据艾瑞咨询发布的数据显示，2020年我国宠物产业市场规模接近 3 000 亿元，比 2019 年增长 2%，未来 3 年宠物产业将持续平稳增长，复合增速预计达 14.2%，到2023 年底规模将达到 4 456 亿元。根据《2021 年中国宠物行业白皮书》显示，我国宠物数量及养宠人数持续增长，2021 年中国犬猫数量已突破 1 亿只，养犬猫人数达到 6 294 万人，增幅为 2.8%。宠物消费规模持续扩张，主要原因：一是中国养宠人群的规模增长和经济水平提升下对宠物投入的增加；二是当代年轻人对宠物陪伴的需求愈发显著，互联网平台上的宠物内容受到越来越多人的关注和喜爱，宠物相关内容发布量、内容热度持续攀升。在中国，一线、二线城市为主要养宠地区，其中广东省饲养宠物最多，饲养数量占全国宠物数量的 10.62%，江苏省饲养数量占 10.40%，浙江省饲养数量占 9.59%，上海市饲养数量占 9.08%。

传统宠物喂养方式是人吃什么、宠物吃什么，但是随着宠物喂养方式的改变和饲养种类的不断丰富，越来越多的宠物主人选择购买专业宠物食品和用品，选择更加正规的医疗服务，在大中型宠物市场陆续出现的许多新兴的宠物行业中，宠物服装、宠物摄影、宠物殡葬等专门化经营服务行业如雨后春笋般兴起。这些新兴产业相继产生、快速发展并逐步标准化、规范化、国际化，宠物市场日趋完善，市场规模呈逐年扩大趋势。今后，随着宠物饲养观念的普及和宠物行业的不断完善和创新，我国宠物市场空间将进一步扩大。

二、宠物食品

宠物食品也称宠物饲料，是指按照标准经过一系列加工、制作的供宠物直接食用的产品，是专门为宠物提供的食品。宠物饲料可以根据其形态和功能划分为宠物干粮、宠物湿粮、宠物零食和宠物营养保健品等。按宠物类型可分为草粮、肉粮和杂粮 3 种。按照我国法规分类可分为宠物配合饲料、宠物添加剂预混合饲料和其他宠物饲料（中华人民共和国农业农村部公告第 20 号）。

宠物食品的生产与制造在宠物产业占据举足轻重的地位。我国的宠物食品行业与整体宠物行业同步发展，在这短短的十几年里发展迅速，形成了一定的行业规模。2010—2018 年，我国宠物食品企业的工业产值年均增长率达 20.98％。2021 年，我国宠物行业市场规模达到 1 337 亿元，预计 2025 年宠物食品市场规模有望达 2 417 亿元。我国宠物食品行业销售规模的迅速扩大，主要得益于国内市场规模的快速增长，国内销售收入的增长明显快于行业总销售收入的增长，未来一段时期内我国宠物食品市场将持续快速发展。

在宠物食品消费结构方面，宠物零食因为种类多样、适口性好等特点，市场认可度大幅提升。随着科学养宠概念在宠物主消费群体中广泛传播，越来越多的宠物主开始重视宠物营养问题，宠物主开始逐渐认识和接受宠物营养品概念。中国宠物豢养特点使宠物具有营养补充的需求，而营养品可满足宠物日常营养补充并进行疾病预防，填补了国内原有市场在营养补充方面的空白。预计 2021—2025 年宠物营养品市场复合增长率将达 22％，高于宠物食品市场同期的 16％。宠物营养品具有日常化消费的特点，预计其渗透率会不断提升。

宠物食品能为宠物提供所需营养，具有营养全面、消化吸收率高、方便喂养、配方科学及可预防疾病等特点。宠物食品是宠物产业链中最基础、最重要的组成部分，相比宠物产业链的其他环节，宠物食品贯穿宠物整个生命周期，具备高复购性、价格相对稳定的特性。2021 年，我国宠物主粮、零食、保健品购买渗透率分别为 83％、75％、38％。由此可见，宠物主粮和零食占了宠物食品的大头。

三、宠物用品

伴随着宠物行业的迅速发展，宠物用品种类也日益丰富。2019 年 7 月，据统计显示，仅宠物用品（包括清洁剂）市场规模已超过 200 亿元，年递增率超过 30％，养宠家庭在宠物用品方面人均年消耗资金约 1 826 元，宠物清洁用品市场发展潜力巨大。沐浴液（护毛素）和消毒除味产品作为宠物清洁用品，在宠物用品消费结构中占比最高。随着宠物数量和宠物市场规模的扩大，宠物清洁用品市场规模也将随之扩大。

目前，北美是宠物用品市场最大的消费地区，占全球宠物经济产值总额的 37%，美国宠物产品协会（APPA）数据显示，2018年美国宠物消费支出金额达到 725.6 亿美元，与 2017 年 695.1 亿美元相比，增长 4.4%。随着经济水平提高，亚洲一些国家的宠物数量增加，宠物清洁用品使用量也随之增加，宠物经济增长迅速。美国的宠物产业起步较早，经过百年发展，已经形成了市场规模稳定、渗透率高、产业链齐全的成熟市场。2017 年，美国宠物行业的市场规模已超过 700 亿美元。根据亚马逊的宠物用品排名，宠物沐浴液和清洁用具及宠物玩具占据主要地位。随着全球宠物产业的快速发展，宠物用品市场快速增长。近年来，全球宠物用品市场的增长率保持在 10% 左右，到 2023 年底，全球宠物用品市场预计将达到 2 979 亿元。

四、宠物服务

宠物服务指满足宠物特定需求的活动，主要包括宠物寄养、宠物美容、宠物驯导、宠物出行、宠物婚丧、宠物摄影等。宠物驯导在整个产业链中扮演着非常重要的角色，宠物驯导可以通过纠正宠物的不良行为，规范宠物的日常行为，使宠物更好地融入人类生活。对宠物的训练可达到规范、文明养宠的目的，这在很大程度上能够改善人类社会与养宠人及宠物之间的不和谐现象，减小宠物行业发展的阻力，更大程度地推进宠物经济发展。但是宠物驯导在整个行业中占比较低，不易被人重视。因此，在今后的发展过程中，应该加大宠物驯导方面的投入。

在我国，宠物驯导师职业 2006 年被劳动保障部认定。当前我国的养宠人群对宠物驯导师的认知还处在较低水平，大部分养宠人群是在宠物出现行为问题、影响到人们的生活后才会考虑对宠物进行训练。宠物主选择的训练方式更多是网络自学。只有当出现困

难，效果不好或没有时间、精力的情况下，才选择专业的机构进行
训练。在选择专业机构训练后，养宠人普遍还会对收费过高、训练
效果不理想、驯导师资历不透明以及训练过程中对宠物态度不好等
事项感到不满意。由此可见，我国的宠物驯导行业还有很多方面需
要改进和提升，发展空间巨大。从长远眼光来看，宠物驯导与宠物
行业中的大部分分支息息相关，消费结构的改变与养宠人规范宠物
行为的迫切需求迫使驯导行业快速整合发展。

　　携宠出行困难是困扰养宠人的主要问题之一，而宠物寄养是解
决这个问题的主要办法。传统的宠物寄养在当下越发激烈的行业竞
争中显得缺乏竞争力，而将宠物驯导和宠物寄养相结合，在出差、
放假期间不但可以解决携宠出行困难的问题，还可以借此机会纠正
自家宠物的不良行为。规范寄养宠物日常行为或学习一些表演科
目，将成为宠物门店的新亮点。客户尝试该服务，并对该服务的效
果表示认可，这将成为宠物店增加客户黏度的重要途径，将进一步
增强宠物店竞争力，提升其销售额。目前，线上经济对实体经济冲
击巨大，被冲击的实体经济对流量的需求更加强烈。绝大部分小朋
友和女性喜欢宠物，所以对这部分消费者的引流格外重要。室内宠
物乐园、商场里的宠物店、宠物主题的餐馆和咖啡馆、宠物表演等
都是通过宠物吸引顾客的创新尝试。这些店内大部分的宠物需要经
过训练并且相关工作人员具备宠物驯导的知识和技能，才能达到良
好效果。

　　随着宠物产业不断扩大，宠物物流行业也逐渐兴起并发展。早
在 20 世纪 90 年代，铁道部公布的《铁路货物运输规程》中详细阐
述了托运活动物的相关规定，为宠物运输提供了基础性保障。如今
宠物物流进入飞速发展阶段，可以将运输宠物的风险降至最低，在
不久的将来宠物物流会与普通货物的物流一样普遍。目前宠物运输
主要为航空运输、铁路运输、公路运输和船舶运输 4 种方式。在宠
物运输途中既要考虑空间通风透气、宠物的进食饮水问题，又要考
虑宠物逃逸，分拣及装卸搬运的便利性、稳定性，以及排泄物污染
等问题。因此，承运人对包装要求极高，托运人在选用宠物包装时

需十分谨慎。宠物在运输过程中的包装主要有宠物运输箱、宠物专用笼、宠物拉杆箱以及动物集装箱。

五、宠物诊疗

宠物医疗行业作为除宠物食品外的第二大市场，到 2021 年规模达到 600 亿元，约占整个宠物产业的 22%，且其占比在逐年提升。相较于欧美和日本市场，我国宠物市场增长潜力巨大。全国宠物诊疗机构数量超过 1.8 万家，广东省数量最多，达到 1 850 多家，江苏、山东、浙江、四川、辽宁、河南、河北等省份宠物诊疗机构也都超过千家，较 2020 年同期增长 12.5%，一线和新一线城市的诊疗机构连锁化在扩大，优质资源不断整合。建立品牌效应、延伸全产业链发展、互联网＋医疗思维和线上问诊业务将继续优化和深入。随着下沉市场宠物行业经济的持续增长，宠物医疗机构数量与规模将持续增长，与宠物医疗相关联的细分领域的利润也将随之增长。

目前，我国的宠物医院仍以小型规模为主。一般来说，具有一定规模的宠物医院面积为 $200\sim300~m^2$，而我国具有这种规模水平的宠物医院不足 4 000 家。我国大型宠物医院主要有两种类型：一种是与大学合作的宠物医院品牌，如北京中国农业大学动物医院、杭州浙江大学动物医院和广州华南农业大学动物医院等，其医疗优势明显；另一种是宠物连锁医院，一般以医疗为核心，购买先进的诊疗设备，聘请专业的兽医，辅以宠物美容、宠物商品销售、宠物寄养等，其服务范围较大。除此之外，我国宠物医疗市场的执业行为也非常不规范，误诊、误判时有发生，乱收费现象普遍存在。

随着宠物医疗行业一体化进程的加快，大型连锁宠物机构为了争夺市场份额，逐渐将布局扩展到中国的二、三线城市，新的宠物医院在这些城市涌现。行业快速发展，导致人才缺口巨大，这些新的宠物医疗工作为行业人才的发展提供了更多的机会和可能性。随着国内经济的发展和人民生活水平的提高，这个行业逐渐走向大众化，宠物医疗让社会对宠物健康的认知发生了很大的变化，这种认知水平的变化在价值观的层面上放大了行业对兽医人才的吸引力，同时促使高校不断扩大宠物医学教育的规模。

随着宠物医疗行业的迅速发展，行业需求也发展出很多细的分支，包括宠物洗澡、剪毛发、修指甲、染毛发、寄养等，以及宠物基础训练、社交礼仪等。关于人才供求的矛盾也向高校和企业显露出来，行业需要人才和社会宠物人才短缺的矛盾，企业需要高素质人才与高校提供人才不足之间的矛盾，高校人才培养目标与高校内部培训体系机制之间的矛盾，行业内部人才的发展需求与社会环境的实际情况等。这些问题引起了社会、企业和高校各方的广泛关注。一些企业开始瞄准具有前瞻性眼光的人才，结合高校的实际情况和人才发展的需要，开展了一系列活动，如专业技能竞赛、联合设立助学金、组班开展夏令营等。这些活动极大地助推了宠物人才的发展和未来医疗行业的发展。

六、宠物产业发展问题

（一）宠物饲料食品质量安全状况有待加强

在我国拥有完全自主品牌的宠物饲料生产企业中，很大一部分企业不具备微量元素、重金属及一些常规指标的检测能力。长期以来，质量控制依赖于第三方检测机构，耗时长、成本高。企业管理人员不注意产品质量检验，导致大量产品存在质量安全风险，"轻生产和重营销"的特点导致一些宠物饲料品牌几乎不懂宠物饲料的技术质量和安全控制的重要性。2016 年以来，农业农村部开始对宠物饲料使用期间的质量安全风险监测情况进行调查。经过几年的数据跟踪可以发现，目前一些低成本的宠物饲料质量安全的风险点主要集中在重金属过度、霉菌毒素污染、非法添加药物（或饲料添加剂）和营养成分不足。2019 年，农业农村部在饲料质量安全风险监测结果中报告山东一家企业的两种产品重金属铬超标，这引起了人们对宠物饲料质量安全的关注。国家饲料质量和安全监控工作计划由农业农村部发布，在农村地区实施，宠物饲料将列入质量和安全监测的范围并进行监督生产。

（二）缺少可参考性标准

我国宠物饲料的发展过程基本参考了国外先进国家的发展模式。国外将宠物作为"家人"的概念近年来在我国宠物饲料品牌宣传中开始广泛应用。国外长期的发展形成了相关的宠物饲料行业标准体系，如欧盟专门有处方粮的营养标准及欧洲宠物食品行业协会对各个指标的严格规定；美国有美国饲料管理协会（AAFCO）的相关标准并广泛被我国宠物饲料企业借鉴使用。而目前我国宠物饲料产品只有《宠物食品 狗咬胶》（GB/T 23185—2008）、《全价宠物食品 猫粮》（GB/T 31217—2014）和《全价宠物食品 犬粮》（GB/T 31216—2014）这3个推荐性国家标准，其他处方粮、营养补充剂以及不同阶段、不同种类宠物的营养标准甚至包括宠物用品的标准基本空白。此外，宠物饲料的质量安全检测方法标准更是缺失，目前只有硝基呋喃类代谢物残留量的测定有专门针对宠物饲料的国家标准方法《宠物饲料中硝基呋喃类代谢物残留量的测定 液相色谱-串联质谱法》（GB/T 39670—2020）。但宠物饲料在产品原料和添加剂组成上与食用动物饲料存在很大区别，直接采用食用动物饲料的检测方法标准进行检测存在不适用的情况。在实施宠物饲料使用情况调查及质量安全风险监测的过程中，可以发现部分产品价格低廉，但包装花哨，并标称其中添加有"澳大利亚有机牛肉""瑞典三文鱼""人参"等高端成分，或者标称添加有DHA、DPA等不饱和脂肪酸，这明显与其低廉价格不符。但由于这些成分的检测暂无相关标准方法或者方法不适用，只能从生产环节进行现场原料储备检查才能确定，这给部分违法企业带来了可乘之机。

（三）人和宠物共患传染病及公共安全问题突出

大多数宠物与人一样都属于哺乳动物，人会感染的疾病，宠物也都会感染，特别是传染病，不仅会危害宠物的健康，而且还会感染人，危及人的生命安全。当前人们饲养的宠物种类繁多，有犬、鸟、猫、鱼等，人犬共患传染病有狂犬病、犬传染性肝炎、结核病、霉菌性肺炎、吸虫病等；人鸟共患病有皮肤真菌病、沙门氏菌病、隐孢子虫病、鹦鹉热衣原体病、鸟结核病等；人猫共患病有弓形虫病、破伤风、猫抓热等；人与水生动物共患病有绦虫病、迟钝爱德华氏菌感染、链球菌感染、副溶血性弧菌感染等；其他的人与宠物共患病有兔热病、流行性乙型脑炎、线虫病等。现代家庭生活中，人和宠物之间接触极多，通过与宠物的亲密接触等举动，动物携带的病毒可危害人的健康，同时也加速了新的人兽共患病的出现。部分宠物的饲养者对宠物与人共患病的认识不够或者忽视这些问题，宠物经营活动不规范，凭检疫证、免疫证交易行为不到位，一些相关的法规不够合理和完善，都可引起人兽共患病的传播。免疫用生物制品监管不到位，各个宠物医院医疗水平及疫苗的质量参差不齐，使得免疫率低、副作用大。上述问题都可以引起人和宠物共患传染病数量的增加。另外，随着宠物饲养数量的不断升高，宠物咬人、扰民事件急剧增多，由此产生了各种纠纷。目前，犬伤人事件已成为城乡广大群众的主要关注点，不少市民呼吁有关部门解决日益严重的犬患问题。宠物数量增加和居民不规范饲养是不断出现宠物咬人现象的根本原因。每年入夏以后宠物咬伤人、抓伤人事件发生率逐渐升高。除了安全问题外，犬叫声扰民等问题也对市民的正常生活造成了影响。

（四）宠物粪便和尸体对环境的污染及无害化处理

目前，宠物数量急剧增长所持续的时间较短，宠物与人类争夺食品在短时间内不会引起重视。但宠物粪便对环境的污染已十分严重。目前，已有部分地区下发规定，宠物放养需要在固定时间内，并且必须由成年人牵领，携带处理犬排泄物的工具并及时清理犬排泄物，但是很少有市民能做到。另外，很多宠物主责任心不够，随意将自己的宠物抛弃，从而导致流浪动物数量增多，这不仅会危及人的生命安全，并且宠物的粪便、尸体等也会对环境卫生造成极大的影响。

第二节　宠物饲草产业

一、概　　况

由于服务对象的特殊性，宠物饲料和传统的畜禽饲料有着十分明显的区别。传统畜禽饲养的首要目的是给人类提供肉蛋奶和皮毛等动物产品，主要关注的是生产性能，例如日增重、饲料转化率、料重比等，以获取更多的经济效益。而宠物则被当作家庭成员来饲养，在饲养过程中宠物主注重的是它们身体各方面的健康指标和寿命。因此，宠物饲料的研究重点是为宠物提供营养全面、均衡的日粮，要为各种宠物提供生命活动、生长发育和健康成长所需要的营养物质，应具有营养全面、消化吸收率高、配方科学、饲喂方便、质量符合标准等特点。除此以外，宠物主追求带给宠物更好的饲料适口性，也会更加关注宠物饲料的风味。因此，宠物饲料在原料选择标准上远高于经济动物饲料，宠物饲料要求营养全面。宠物饲料的加工工艺要求更加精细化、多样化。不同种类宠物饲料的加工工艺会存在一定差别，宠物饲料的加工方式有膨化、低温烘焙、冻干、风干等。

随着居民生活质量的提高、消费需求的多样化、家庭规模的缩小和老年人数量的增加，养宠物已经成为越来越多人释放压力、缓解孤独的方法。特别是近年来，以宠物兔、仓鼠、龙猫和豚鼠等为代表的草食宠物越来越受到人民群众的欢迎。随着草食宠物饲养数量的不断增加，宠物饲草等新兴产业快速发展。

根据艾瑞咨询统计，2021 年中国宠物消费中，水生动物占 16%，爬行动物占 9%，兔子占 6%，草食动物中的两栖动物占 4%。作为水产养殖大国，我国水产养殖产量占全球水产养殖总产量的 72%以上，产值约占全球水产养殖总产值的 50%。观赏水族产业是水产养殖的重要组成部分，其发展不容忽视。在过去的 20 年里，世界观赏水族馆市场的进口额从 5 000 万美元迅速增长到 2.5 亿美元。全球每年售出 100 万条鱼，包括 4 000 种淡水鱼和 1 400种海水鱼。宠物鱼和水生动物有很多种，大多数宠物主饲养的品种也很丰富，其中金鱼占大多数。但近一半的宠物主人并不知道他们水族馆宠物的性别。至于爬行动物，饲养数量最多的是乌龟，其次是蜥蜴和节肢动物。

据相关部门对该项目的调查显示，在我国宠物兔、龙猫和豚鼠等为代表的草食宠物市场是继宠物犬、宠物猫、宠物鸟三大宠物市场后的最大宠物市场，目前人气高涨，销售增长态势良好，深受广大宠物爱好者的喜爱，在宠物市场里具有优势。其主要原因：一是该类宠物不吵闹，性格安静，不打扰邻居；二是该类宠物饲养设备简单，竹笼、木箱、纸箱均可饲养，粪便易于清洁，不污染环境；三是该类宠物的投资少于犬、猫等。

根据北京、天津、沈阳、哈尔滨、广州、西安、石家庄、上海、重庆、成都、武汉等 30 个城市的市场调查，宠物兔、龙猫和豚鼠等的养殖因"新、奇、特"吸引了广大爱好者。"新"为宠物的颜色，其色彩鲜艳、新颖、别致、多种多样且具有绒毛、品种多样，令人爱不释手；"奇"在外形上奇怪，耳朵下垂或小耳；"特"在体型上一般都很小，比如荷兰最小的矮兔，体重只有 500 g，身高只有 10 cm 左右。草食宠物的价格低廉，深受工薪阶层的青睐。据了解，兔、龙猫和豚鼠等草食宠物平均售量巨大，尤其是宠物兔在节假日或学生节假期的销售额更高。

随着饲养草食宠物的热潮出现，宠物草食业的发展也在逐步加快。不同生长阶段草食宠物的饲料组成不同，幼年、孕期和哺乳期宠物与成年宠物颗粒饲料的主要成分差异巨大，幼年、孕期和哺乳期需要的蛋白质和钙含量多；成年宠物需要的蛋白质和钙含量相对较少。例如：幼年宠物需要增加营养以促进生长发育，需要富含钙和蛋白质的苜蓿干草等豆类干草，才有利于它们的生长发育。而妊娠和哺乳期草食宠物的营养需求最高，需要摄入至少 18% 的蛋白质，可以添加豆粕等蛋白含量高的饲料以提供充足的蛋白质。

二、宠物草粮

宠物草粮大体可分为三类：颗粒饲料、种子混合饲料、自制饲料。草食宠物具有挑食性，倾向于选择能量高的食物。为了消除草食宠物对食物的挑剔，确保所提供的食物满足其营养物质需求，将各种饲料原料按比例（主要成分为干草）充分混合、压实，生产出大小一致且营养成分均衡的颗粒饲料。宠物在不同的生长阶段食用颗粒饲料的种类不同。例如：草食宠物在幼年、青年、妊娠和哺乳期的颗粒饲料中主要成分为苜蓿，需要的蛋白质和钙含量较多；成年宠物的颗粒料主要为干草。混合种子饲料对草食宠物的健康较好，但饲喂效果不理想。研究表明，一般宠物倾向于根据自己的口味选择食物，可能不会选择最健康的种子。这种行为通常会导致宠物饮食中某些维生素和矿物质的缺乏，并且可能导致脂肪含量过高。当为宠物选择自制的食物时，要小心喂养各种营养丰富的蔬菜和少量水果。自制的宠物食品可能含有谷物，如小麦、燕麦和大豆粉或者块根蔬菜，比如红薯。最好少吃或不吃胡萝卜和生菜，因为这些蔬菜含有的营养成分较少。用自制食物喂养的宠物需要舔盐块来补充维生素和矿物质，或者在食物中添加微量元素及矿物质。

宠物饲草产业的发展具有四大优势：一是效益可观，投入方面需配套牧草收获和烘干加工设备，每亩①纯效益稳定在 5 000 元以上。二是既适宜一家一户种植，也适宜小规模的家庭农场、合作社生产。三是发展宠物饲草产业，有利于打破草业发展草畜一体化的单一生产利用模式，为畜牧业发展提供新品种、新技术、新模式、新选择。四是宠物行业市场前景广阔，发展空间较大。宠物饲草产业虽好，但农民还不可盲目扩种，要想在这一行业有所作为，还需把准"三个关键"：一是当前适宜作宠物饲草的优质草品种比较单一，尤其是宠物喜食的，喜冷凉、潮湿环境的冷地型牧草。这方面急需引种、驯化、改良研究，以及得到科研院所的支持。二是宠物饲草种植生产和收获技术不同于常规生产加工方法，必须有配套的高产优质栽培和生产加工技术作支撑。三是宠物饲草产业前景广阔，但毕竟还是"小特"产业，要想发展种植，还是要先找好市场销售渠道，特别是订单、电商等"精准营销"渠道，才能保障种植和加工收益。

中国的宠物饲料缺口巨大，超过 60% 依靠进口。有很多种粮草可以供宠物喂养，禾本科植物有鸭茅、燕麦、黑麦草和小麦幼苗，豆类植物有苜蓿、柱花草和红豆草。据了解，目前国内以苜

---

① 亩为非法定计量单位，1 亩＝1/15 hm²。——编者注

蓿、黑麦草等优质饲草为原料加工宠物专用饲料的企业很少，产品
市场竞争少，市场前景广阔。20 世纪 90 年代中后期，中国牧草产
业发展迅速，其资源包括天然草地、人工草地、林间草场、饲料作
物和农作物秸秆等。中国天然草地和人工草地的总产草量约为 3.7
亿 t。谷物和豆类秸秆总量为 5.6 亿 t，可用于草食牲畜的饲料秸
秆为 1.4 亿 t，饲料秸秆总供应量约为 5.1 亿 t。2018 年，中国年
牧草需求量约为 5.12 亿 t，缺口约为 200 万 t。2018 年，甘肃省牧
草（干草、秸秆等）总量约 3 537.58 万 t，饲养草食牲畜远远超过
理论估计，所需饲料约为 4 563.11 万 t，饲料短缺达 1 000 万 t。
近年来，中国饲料产品的进口显著增多，主要是苜蓿和燕麦。中国
燕麦干草进口量从 2010 年的 5.68 万 t 增加到 2022 年的 15.24
万 t，燕麦干草进口量占干草进口量的比例从 2010 年的 3.81% 增
加到 2022 年的 20%。苜蓿进口量从 2010 年的 22.72 万 t 增加到
2022 年的 178.77 万 t。随着进口燕麦干草关税的降低，燕麦干草
的进口量将显著增加。我国能量饲料原料、青贮玉米、干草需求量
将越来越大，当前需求量已达到 3.5 亿 t、5.09 亿 t 和 0.48 亿 t。
天然草场与人工草场的上升空间不大，仅仅依靠提高作物秸秆产量
难以应对急剧上涨的需求量，影响养殖业的可持续发展。

　　近年来，通过电子商务等"精准营销"方式进行生产、加工和
销售，宠物草粮前景广阔，部分地区围绕宠物草粮产业发展需求，
在品种选育、技术研发、品牌建设、企业培育、营销等方面进行了
大量创新探索。一些企业在国内率先开展宠物饲草新品种选育、生
产、加工利用技术研究和开发，建立宠物饲草种质资源圃。目前已
选育出苜蓿、黑麦草、蒲公英、燕麦等多个宠物饲草新品种（系），
围绕新品种建立了高产优质宠物饲草栽培和宠物饲草食品加工技术
体系，开发宠物饲草产品。根据新产品的原料种植和产品加工工
艺，制定并发布了企业标准，申请国家发明专利，有效保护开发宠
物保健草粮食品，注册宠物草食商标，推动行业向标准化、品牌化
迈进。这些企业坚持"产学研"紧密结合，推动市场、资金、技术
等要素整合，在全国宠物产业技术创新中崭露头角。

第二章 宠物饲草栽培技术

宠物饲草，顾名思义，就是专门用来饲喂草食宠物的饲草。这类饲草一般营养丰富全面、适口性好且容易消化，在一定生长阶段收获加工后其草质柔软、气味芳香、色泽鲜绿、商品性能佳。大部分生产上常用的饲草均可作为宠物饲草，比如豆科苜蓿，禾本科燕麦、梯牧草，菊科蒲公英、菊苣、苦荬菜，等等。由于饲喂对象和利用方式不同，这类饲草在栽培管理和收获加工上又不同于一般牧草。

第一节 苜 蓿

一、品种特性

苜蓿（*Medicago sativa* L.）属豆科多年生草本植物。原产于小亚细亚半岛、伊朗、格鲁吉亚、亚美尼亚、阿塞拜疆和土库曼斯坦等地。其栽培历史悠久，是世界上种植面积较大的一种豆科牧草，在我国也有 2 000 多年的种植历史，素有"牧草之王"的美称。

（一）植物学特征

苜蓿株高 30～100 cm。根粗壮，深入土层，根颈发达。茎直立、丛生以至平卧，四棱形，无毛或微被柔毛，枝叶茂盛。羽状三出复叶；托叶大，卵状披针形，先端锐尖，基部全缘或具 1～2 锯齿，脉纹清晰；叶柄比小叶短；小叶长卵形、倒长卵形至线状卵形，等大，或顶生小叶稍大，长 10～25 mm，宽 3～10 mm，纸质，先端钝圆，具有中脉伸出的长齿尖，基部狭窄，楔形，边缘

1/3 以上具锯齿，上面无毛，深绿色，下面被贴伏柔毛，侧脉 8～
10 对，与中脉互成锐角，在近叶边处略有分叉；顶生小叶柄比侧
生小叶柄略长。花序总状或头状，长 1～2.5 cm，具花 5～30 朵；
总花梗挺直，比叶长；苞片线状锥形，比花梗长或等长；花长 6～
12 mm；花梗短，长约 2 mm；萼钟形，长 3～5 mm，萼齿线状锥
形，比萼筒长，被贴伏柔毛；花冠各色，淡黄色、深蓝色至暗紫
色，花瓣均具长瓣柄，旗瓣长圆形，先端微凹，明显较翼瓣和龙骨
瓣长，翼瓣较龙骨瓣稍长；子房线形，具柔毛，花柱短阔，上端细
尖，柱头点状，胚珠多数。荚果螺旋状紧卷 2～4 圈，中央无孔或
近无孔，直径 5～9 mm，被柔毛或渐脱落，脉纹细，不清晰，熟
时棕色；有种子 10～20 粒。种子卵形，长 1～2.5 mm，平滑，黄
色或棕色。花期 5—7 月，果期 6—8 月。

（二）生物学特性

苜蓿适应性广，喜温暖、半干燥、半湿润的气候条件，适宜在
干燥疏松、排水良好且高钙质的土壤生长。

1. 温度 最适宜的发芽温度为 25～30℃，植株生长最适温度
为日均 15～21℃。干物质积累的最适宜温度范围为白天 15～25℃、
夜间 10～20℃。耐寒能力较强，其抗旱能力和其根中贮藏的碳水
化合物含量以及根茎入土深度呈正相关。同时，它又非常喜温暖。
当灌溉时，苜蓿能耐土壤表面 70℃和株高平面 40℃的气温。

2. 水分 由于蒸腾作用而消耗大量的水分，其产量形成与土
壤水分保持程度密切相关。苜蓿是比较耐旱的牧草，其蒸腾系数各
异，一般为 700～1 200。苜蓿种植地区的年降水量以 600～
800 mm最适。

3. 土壤 苜蓿对土壤要求不严，最适宜在深厚疏松且富含钙
质的壤土上生长。最忌积水，故种植苜蓿的土地必须排水通畅。可
在可溶性盐含量 0.3%以上的土壤中生长。

4. 养分 为获得稳产高产应多施肥。根部共生根瘤菌，常结
成较多的根瘤，固氮能力强，但特别需要磷肥。此外，根外追施
硼、锰、钼对苜蓿尤其是种子的增产效果很明显。

5. 光周期和光合作用 多数栽培品种属于长日照植物，通常一个发育良好的苜蓿群体，其叶面积指数应达到 6。叶重（单位面积的干重）大时，光合作用效率高。叶子淀粉含量昼夜差异大。

6. 秋眠性 秋眠性指苜蓿的一种生长特性，其实质是苜蓿生长习性的差异，即秋季在北纬地区由于光照减少和气温下降，导致苜蓿性状类型和生产能力变化。国际上根据抗寒性的不同，将苜蓿品种分为 10 个休眠级。休眠级为 10 的品种冬季不休眠，适于冬季温暖地区种植；休眠级为 1 的品种，适宜于冬季极其寒冷的地区种植。

7. 开花与授粉 苜蓿为总状花序，是很严格的异花授粉植物。自交授粉率一般不超过 2.6%。

8. 寿命和生产力 多年生豆科牧草，寿命很长，一般达 20～30 年。

9. 适应性 苜蓿适应性广泛，喜温暖和半湿润至半干旱的气候条件，在年降水量只有 300 mm、pH 为 6.5～8.0 条件下均能生长。最适宜在地势高燥、平坦、排水良好、土层深厚、沙壤土或壤土中生长。具一定耐盐性，据测定，幼苗的耐盐度（可溶性盐含量）为 0.3%，成年植株的耐盐度一般为 0.4%～0.5%。

（三）营养价值

苜蓿富含碳水化合物、蛋白质、纤维素、脂肪、维生素、矿物质等营养成分，且无任何添加剂或有毒有害物质，是宠物兔、龙猫等草食宠物必不可少的绿色食品。

二、种植技术

（一）选地与整地

苜蓿对土壤具有较强的适应性，对土壤要求不严格，但最好选择土层较深厚、排水良好的中性或微碱性沙壤土或黏壤土。整地是种植苜蓿的一个关键环节，苜蓿种子小、芽顶土力弱、苗期生长缓慢，地整得不细易造成缺苗、断条和草荒。在弃耕地上，于秋天破茬打垄，随后进行多次镇压，达到土细无坷垃、土层坚实墒情好，以备播种。在弃耕田或荒坡地上，为防止水土流失，应春夏过后开荒，并随翻随耙压。第二年早春顶浆打垄，并进行镇压保墒。机械平播时可以不打垄，但是要求土壤平整细碎。

（二）施肥

苜蓿是一种比较喜肥的牧草，在瘠薄土地上虽然能够生长，但是产量低，因此在瘠薄地上种植苜蓿时施一些厩肥和磷肥，对提高草产量有显著作用。厩肥和磷肥最好结合整地施入，若能分期施，则在每次割草后施入，对促进再生、增加产草量作用更大。

（三）种子处理与播种

1. 种子处理 苜蓿种子硬实率占 10%～20%，新收的种子硬实率达 25%～65%，经过秋冬贮藏后大为减少，随贮藏年限增长硬实率也逐渐减低，种子发芽力可维持 10 年以上。硬实种子的种皮致密，不透水，直接播种不易吸水，发芽率很低，所以除晒种外，在播前应进行种子处理。将种子掺入 1/6 左右细沙，其沙粒与种子大小接近，在碾子上碾磨，擦伤种皮，促进种子吸水发芽。也可采用温水浸种，将种子放在 50～60℃ 的温水中浸泡 15～16 min，然后晾干播种。

2. 播种期 苜蓿的播种期因各地自然条件不同很难一致。在土层薄、降雨少、无霜期短的干旱地区应在早春播种，即以 3 月下旬至 4 月上旬为佳，最迟不要超过 6 月上旬，否则不能安全越冬。有灌溉条件时 4 月下旬至 5 月上旬播种较好。

3. 播种方式 主要分为条播、穴播、撒播 3 种。多采用条播方式，行距 15～20 cm（图 2-1）。

4. 播种量 宠物饲草生产中每亩播种量一般为 3～4 kg。

5. 播种深度与覆土 掌握适宜的播种深度是保苗的关键。一般土壤播种深度为 2～3 cm，在干旱条件下，应深开沟、浅覆土，在水分不足的土壤中覆土以 0.5～1 cm 为宜，在水分适宜时覆土以 0.3～0.5 cm 为宜。注意镇压保墒，力求播种保全苗。

图 2-1　果园播种牧草

三、田间管理

1. 当年播种管理　当年播种的苜蓿，因苗期生长缓慢，易受杂草侵害，所以要及时进行中耕除草。

2. 越冬前的管理及越冬防护措施　冬前培土保墒，可使植株根颈处在湿土层内，是越冬防护的主要措施。具体做法是春铲、夏耥、秋末培土。地势低洼、春季积水的地方要注意排水。

3. 二年以后的苜蓿田间管理　在早春萌芽以前除去地上枯枝落叶，以利于提高地温，加速返青，促进生长。有条件的地方还应灌水施肥。此外，每次收割后要进行 1 次锄草和松土。

4. 防治病虫害　苜蓿经常发生的虫害主要是蚜虫、潜叶蝇、盲椿象。蚜虫可用 40％乐果①乳剂兑水 1 000 倍液喷洒防治，潜叶蝇可用 40％乐果乳剂兑水 3 000～5 000 倍液喷洒防治，盲椿象用50％敌敌畏乳剂兑水 2 000 倍液喷洒防治。病害有锈病、褐斑病、白粉病。锈病使用波尔多液、萎锈灵等进行化学防治，褐斑病喷洒

---

①　乐果，禁止在蔬菜、瓜果、茶叶、菌类和中草药材上使用。——编者注

波尔多液或石硫合剂防治，白粉病可用石硫合剂、多菌灵等药物防治。寄生植物菟丝子可用鲁保一号（微生物除草剂）药剂防治。苜蓿发生病虫害时，在早期一般通过及时刈割来防止病虫害大面积发生，尽量不要使用化学方式防除。

5. 水肥管理　因频繁刈割，苜蓿对水肥需求量大。每次刈割后，结合灌溉追肥，以施氮肥为主，一般每亩追施 10 kg。

6. 收获　苜蓿作为宠物饲草可保持 2～4 年高产，1 年可收获 7～8 茬。收获时苜蓿植株不高于 45 cm，刈割后，自然干燥或使用空气能热泵烘干房进行快速干燥，使水分含量下降至标准含量以下（图 2-2）。

图 2-2　苜蓿

第二节　燕　　麦

一、品种特性

燕麦（*Avena sativa* L.）是一种优良的一年生粮饲兼用作物，具有耐瘠薄、耐盐碱、耐干旱、耐严寒等特性，主要种植在温带地区，在我国华北、西北、东北及西南地区均有种植。燕麦产草量大、营养价值高，是目前被广泛认可和推广的优良禾本科牧草。随着宠物行业的快速发展，燕麦的需求量将不断扩大。

（一）植物学特征

燕麦属于禾本科一年生植物，植株高度 80～120 cm，根系生长旺盛，能够深入土壤 1 m 左右。燕麦具有较强的分蘖能力，通常 4～7 节，茎节中会长出很多腋芽。叶片长度 15～40 cm，宽度 6～12 cm，呈平展状。苗期叶片表面会覆盖白色粉层，穗轴直立生长或下垂生长，叶脉节间 4～6 节，下部节缝间会生长出很多小穗，每穗开 2～5 朵花，通常以 2 朵为主。燕麦的颖片较宽，膜质感，颗粒呈纺锤状。

（二）生物学特征

燕麦喜欢冷凉的气候环境，最佳生长温度是 17～20℃，其所耐受温度不超过 30℃，一旦超过 30℃，燕麦生物结构会出现损伤，气孔萎缩而失去作用。燕麦抗寒性能较强，种子可以在 3～4℃ 的环境下萌发生长，幼苗可以承受 −2～3℃ 低温，成年植株在 −3～4℃ 时依然能生长发育，但是 −6℃ 以下将会影响燕麦正常生长发育，易引发冻害。

燕麦是典型的长日照作物，燕麦整个生长发育周期，大概需 800 h 左右日照。尤其是在分蘖到抽穗的生长期间内，如果光照强度和光照时间欠缺，燕麦的生长速度就会被遏制。

燕麦生长发育阶段需水量相对较少，种植地区年降水量以 400～500 mm 为佳。分蘖阶段到抽穗阶段是需水临界期，乳熟阶段需水量呈逐渐下降趋势，结实阶段应保持田间干燥。开花期水分供给不足，易造成空粒、空壳，籽粒相对较少，影响产量。

燕麦的生育期因品种而异，一般早熟品种 80～90 d，中熟品种 91～100 d，晚熟品种 100～110 d。燕麦对氮肥反应敏感，适量施用可大幅度提高饲草产量。但氮肥过多易导致徒长晚熟，或引起倒伏，造成减产。

（三）营养价值

燕麦营养丰富，干草和籽实营养价值均很高，其籽实蛋白含量为 14%～15%，最高可达 19%，秸秆中蛋白质含量为 1.3% 左右。

青刈燕麦茎秆柔软，叶量丰富，适口性很好，各种草食宠物均喜食，干物质消化率可达75％以上。燕麦的营养成分见表2-1。

表 2-1　燕麦营养成分（％）

项目	水分	粗蛋白质	粗脂肪	粗纤维	无氮浸出物	灰分
鲜草	80.4	2.9	0.9	5.4	8.9	1.5
干草	10.2	5.4	2.2	28.4	44.6	9.2
秸秆	14.7	1.4	1.6	33.2	41.0	8.1
籽实	10.0	12.0	3.9	14.3	55.9	3.9

二、种植技术

（一）选地与整地

燕麦是长日照植物，喜冷凉，适宜在气温低、无霜期较短、日照时间长的寒冷地区种植。成株能够耐受−4～−3℃低温，不耐高温。燕麦对土壤要求不严格，最宜在土壤耕层深厚、地势平坦、土质疏松、富含有机质的壤土或沙壤土中生长，对土壤酸碱度耐受范围宽，可在 pH 5.5～8.0 的土壤中良好生长，可耐最低 pH 4.5 的酸性土壤。适应性强，在旱薄地、盐碱地、沙壤土中的长势比其他作物好。

宜选择具备灌溉条件和春秋风蚀影响小、平整度高的地块种植燕麦。燕麦不宜连作，选地时最好以豆类或胡麻、马铃薯、山药等为前茬作物。播种前进行土地整理能够保证种子更好发芽、出苗，有利于植株的整体生长发育。整地深度一般控制在 20～25 cm，耕后及时耙糖。如果在春季整地，则宜浅耕 10 cm 左右，耙糖保墒。如遇土壤干旱严重，应镇压；若土壤湿度大，地温低，则不需耙糖而应翻耕，以促进土壤水分蒸发，提高地温。燕麦对氮肥非常敏感，应结合整地施足基肥。根据地力和底肥施用情况确定种肥用量。一般用磷酸氢二铵或复合肥作种肥，每千克种子用 0.5 kg 化肥。

（二）品种选择与种子处理

1. 品种选择　燕麦分春性燕麦和冬性燕麦。我国种植的主要为春性燕麦，生育期一般为 85～120 d。要结合当地种植制度，气候条件以及种植地情况综合选择燕麦品种，尽量选择抗逆性能相对较强、增产潜力相对较大的品种。

2. 种子处理　播种前种子一般在阳光下晾晒 3～5 d，可提高种子发芽率，也可减少病源。播种前使用种衣剂进行药剂拌种，可预防苗期病害的发生流行。用乐果乳剂拌种，可防止燕麦黄萎病的发生，用量为种子重量的 0.3%；用拌种灵等拌种，可防止燕麦黑穗病、锈病及病毒病，用量可以为种子重量的 0.3%或 0.15%；防治地下害虫可用辛硫磷随种拌入土壤。

（三）科学播种

1. 播种时间　确定最佳播种日期是提高燕麦产量和品质的关键，也是提高种子发芽率的重要举措。春播燕麦，播种时间一般为 3 月上旬至 5 月下旬，适时早播有利于产量的提高。

2. 播种量　燕麦一般的单播播种量为每亩 15～20 kg，在肥力高或生产水平高的地块，播种量可适当增加。若在盐碱地种植燕麦，播种量应不少于 40kg。

3. 播种方法　燕麦不适合撒播，会造成播种不均匀。一般采用条播。行距 20～25 cm，播种深度以 3～5 cm 为宜。若土壤干旱，可适当播深一些。播后耙地，利于保墒出苗。

三、田间管理

（一）追肥

燕麦对氮肥敏感，增施氮可显著提高产量，磷肥则有利于壮苗，钾肥可提高植株的抗倒伏能力。为保证燕麦高产优质，每次刈割后，要及时追肥，并结合灌溉或降雨施用，每亩施用量为 10～15 kg。

（二）灌水

燕麦是耐寒性较强的作物，在有灌溉条件时，结合中耕，在分蘖期、拔节期灌水，可实现高产。燕麦不耐积水，在雨涝时必须人工挖沟及时排水。

（三）杂草防除

燕麦地的杂草种类繁多，尤其是在连年种植玉米、小麦等禾本科作物的情况下发生严重。燕麦地主要杂草种类有藜、狗尾草、猪毛草、苦荬菜、田旋花、野燕麦、野荞麦、沙蓬等。杂草防除主要采取中耕除草和化学方式结合。

（四）病虫害防治

燕麦的主要病虫害有黑穗病、红叶病、锈病。虫害主要有黏虫、麦类夜蛾及地下害虫。

（五）收获利用

作为宠物饲草每年可收获 4～6 茬，收获时燕麦植株不高于40 cm，未孕穗。

（六）饲喂注意事项

燕麦草质柔软，可溶性碳水化合物和可消化粗纤维含量高，低钾、低硝酸盐，且含多种矿物质和维生素，是草食宠物的优良选择之一（图 2-3）。给宠物饲喂燕麦时，最好与苜蓿等豆科牧草混合饲喂，可以起到正组合效应。

图 2-3　燕麦

第三节　梯　牧　草

一、品种特性

梯牧草（*Phleum pratense* L.）属禾本科梯牧草属多年生草本

植物，又名猫尾草。梯牧草属于喜冷凉、潮湿环境的冷地型牧草，原产于欧亚大陆的温带地区，遍及温带、寒温带和近北极气候区；主要分布在北纬 40°～50°寒冷湿润地区，我国新疆等地有野生种分布。梯牧草是美国、俄罗斯、法国、日本等国家广泛栽培的主要牧草之一，我国东北、华北和西北均有栽培。

（一）植物学特征

梯牧草是多年生直立型小灌木状类木质宿根草木，高 60～160 cm，茎单株或多株丛生，单茎被剪切后，立即发芽长出多茎，呈丛生状，全枝被短茸毛。叶互生，奇数羽状复叶，具长柄；小叶 3～7，有时 9，对生；叶片长卵形，钝头，有时呈卵状披针形或略长椭圆形，长 5～15 cm，宽 3～6 cm，末端短尖，基部略小、圆形，全缘，质厚，粗糙，表面光滑，背面被毛；对生叶柄极短，末端叶柄 1～5 cm。4—11 月开花，顶生，开花季节 5—9 月，长穗形总状花序，长 15～60 cm，呈淡紫色至红紫色。其花（穗）密生如红星，蝶形花，花瓣红紫色具细爪，呈圆形，两侧稍似耳垂状，末端忽尖，翼瓣略刀形，龙骨瓣呈线形；萼管甚短，呈浅杯形，5裂，上侧裂片较短，2 齿，下侧裂片稍长，3 齿，皆具长毛；苞片披针形略三角状，末端渐尖，早落性；花柱略呈线形，子房上位。荚果重叠扭曲，被有短毛，3～6 室；种子具光泽，黑褐色，未熟呈绿色，肾形，直径 0.2～0.5 cm，种子千粒重约 2.72 g。梯牧草主根肥大，粗且长。

（二）生物学特性

梯牧草喜冷凉湿润气候，抗寒性较强，能在北方寒冷潮湿的地区安全越冬，幼苗和成株均可耐受−4～−3℃的霜冻。耐热性相对较差，在气温 35℃以上连续高温干燥时越夏困难。对土壤要求不严格，喜水分充足的壤土和黏土，如在排水良好的低湿泥地和峡谷低湿地生长旺盛，在沙土及土壤 pH 为 4.5～5.0 的酸性土壤中也能良好生长，但不适宜石灰含量过多、碱性较大的土壤。梯牧草适宜在年降水量 700～1 000 mm 的地区种植，其耐水淹性较好，梯牧草寿命较长，一般生活年限为 6～7 年，在管理条件较好的情况下，可生长 10～15 年。

（三）营养价值

梯牧草是饲用价值较高的优良牧草，粗蛋白质含量为 6%～9%，可溶性碳水化合物含量为 12.2%，中性洗涤纤维和木质素含量分别为 67.6% 和 5.8%，干物质消化率为 58.05%，消化能为 9.77 MJ/kg，代谢能为 8.19 MJ/kg。优质的梯牧草，要求茎叶完整、保持一定的原有绿色、有清香味、营养物质含量达到宠物需要标准且维生素和微量元素含量较丰富，是保证草食宠物正常生长发育所必不可少的饲草之一。

二、种植技术

（一）播前准备

梯牧草的种子很细小，萌发后幼苗细嫩，顶土力弱，因此应在结构良好、土质疏松、中性土壤或弱酸性土壤中种植。整地时，应精细整地，一般在秋季深翻地，翻耕深度大于 20 cm。结合整地，施足底肥，一般施腐熟的有机肥 30～45 t/hm²，尿素 150 kg。翻耕后应耙地并镇压，以保证地平整、无坷垃（图 2-4）。

图 2-4　梯牧草

（二）播种

梯牧草播种可用条播和撒播方式。条播时，行距为 15～20 cm，播深 2～3 cm；如果撒播，应将种子均匀撒于地表，然后轻耙或轻耱覆土，覆土深度为 1～2 cm。种子用量为 20～30 kg/hm²。梯牧草在每年的春、夏、秋 3 个季节均可播种，在山东、河北等地以秋播为好。有条件时施用生物菌肥，稀土微肥拌种播种效果更好。

三、田间管理

梯牧草幼苗细弱，出苗比较缓慢（图 2-5）。出苗前如果有土壤板结现象，需及时耙耱地表，以破除板结，使出苗整齐。同时，在出苗后应及时进行第一次中耕除草。除草可用人工方法，也可用化学方法。化学除草必须在全苗后进行，57% 2,4-滴丁酯乳油用量为 900～1 050 mL/hm²，兑水 225～300 kg 进行喷洒。梯牧草在分蘖至拔节期需肥多，生长前期应以施氮肥为主，生长后期则以磷肥、钾肥为主，施肥应坚持"少而勤"的原则，以充分发挥肥效，一般每亩追施氮肥 10 kg、磷肥 7～8 kg、钾肥 5 kg。此外，每次刈割后结合灌溉或降雨，每亩追施氮肥 10 kg。

图 2-5　梯牧草幼苗

作为宠物饲草，梯牧草每年可收获 5～6 茬，每次收获时，要求梯牧草植株不应高于 40 cm，未孕穗，茎叶完整，不含其他植物，无明显病虫害。由于梯牧草在山东、河北等地不能安全越夏，一般在 5 月中旬后不再刈割，保留其地上部分自然干枯，以便形成枯草层对根部进行保护遮阳，使其安全越夏。梯牧草比较喜欢阴凉环境，可结合林下、高秆作物间作种植。

第四节　一年生黑麦草

一、品种特性

一年生黑麦草（*Lolium multiflorum* Lam.），生长在欧洲南部的地中海地区、北非和亚洲部分地区，也称多花黑麦草或意大利黑麦草。

（一）植物学特性

一年生黑麦草为禾本科一年生草本植物，其须根强大，株高 80～120 cm。叶片长 22～33 cm，宽 0.7～1.0 cm，千粒重 2.0～2.2 g。与多年生黑麦草主要区别：一年生黑麦草叶为卷曲式，颜色相对较浅且粗糙。外稃光滑，显著具芒，长 2～6 mm，小穗含小花较多，可达 15 朵，因之小穗也较长，可达 23 mm（图 2-6）。

图 2-6　一年生黑麦草

（二）生物学特性

一年生黑麦草喜温暖、湿润气候，在温度为 12～27℃时生长最快，秋季和春季比其他禾本科草生长快。在潮湿、排水良好的肥沃土壤和有灌溉条件时生长良好，但不耐严寒和干热。最适于肥沃、pH 6.0～7.0 的湿润土壤。

（三）营养价值

一年生黑麦草含有的营养物质丰富，品质优良，适口性强，各种家畜均喜食用。茎叶干物质中分别含蛋白质 13.7%、粗脂肪 3.8%、粗纤维 21.3%，一年生黑麦草草质好，是草食宠物的优质饲草。一年生黑麦草的主要特点为生长快、分蘖力强、再生性好、产量高。

二、种植技术

（一）整地

整地要精细，一年生黑麦草生长时间短，宜在短期轮作过程中栽培利用。应选地势平坦、土质肥沃、排灌方便的地方栽种。整地时应施足基肥。

（二）播种

1. 播种期　在南方春夏均可播种。内蒙古在 5 月中旬播种，陕西在 8 月上旬播种较好。长江流域各省份秋播以 9 月最适，亦可迟至 11 月播种，春播以 3 月中下旬为宜。秋播翌年或春播当年无论刈割次数多与少，以后再生都极差，多不能过夏。

2. 播种量　每亩播种量以 3 kg 左右为宜。

3. 播种方法　一般以条播为宜，行距 15～20 cm，覆土 2～3 cm。

三、田间管理

（一）施肥

水肥充足是充分发挥一年生黑麦草生产潜力的关键性措施，施用氮肥效果尤为显著。氮肥可增加有机物质产量和蛋白质含量，减少半纤维素（比纤维素难以被反刍动物消化）的含量。由于一年生黑麦草分蘖多、生长快，应在每次割草后的 2～3 d，追施复合肥或尿素 45～75 kg/hm^2。

（二）灌溉

一年生黑麦草是需水较多的牧草，在分蘖期、拔节期及每次刈割以后适时灌溉，可显著提高产量。夏季灌溉可降低土温，促进一年生黑麦草生长，有利于其越夏。

（三）病虫害的防治

一年生黑麦草抗病虫害能力较强，高温、高湿情况下常发生赤霉病和锈病。赤霉病的危害症状是苗、茎秆、穗均病腐生出粉红色霉斑，长出紫色小粒，严重时全株枯死，可用 1‰ 石灰水浸种防治。植株发病时喷石硫合剂防治。锈病主要症状是茎叶颖上产生红褐色粉末状病斑后变为黑色，可用石硫合剂、代森锌等进行化学防治。合理施肥、灌水及提前刈割，均可防止该病的蔓延。

（四）收获

秋播一年生黑麦草，冬前可收获 1 茬，秋播翌年可收获 3～4 茬，收获时植株不高于 35 cm，未孕穗，无明显倒伏现象，不含其他植物，无明显病虫害。

第五节　小　麦　草

一、品种特性

小麦草，为禾本科小麦属植物小麦（*Triticum aestivum* L.）的嫩茎叶（图 2-7）。一年生草本，高 60～100 cm。秆直立，通常具 6～9 节。叶鞘光滑，常较节间短；叶舌膜质，短小；叶片扁平，长披针形，长 15～40 cm，宽 8～14 mm，先端渐尖，基部方圆形。穗状花序直立，长 3～10 cm；小穗两侧扁平，长约 12 mm，在穗轴上平行或近于平行排列，每小穗具 3～9 花，仅下部的花结实。小穗节间约 1 mm；颖短，革质，第 1 颖较第 2 颖宽，两者背面均具有锐利的脊，有时延伸呈芒状，具 6～9 纵脉，外稃膜质，微裂呈 3 齿状，中央的齿常延伸呈芒状，背面 5～9 脉，内稃与外稃等长或略短，脊上具鳞毛状的窄翼，翼缘被细毛；雄蕊 3，花药长 1.5～2 mm，"丁"字形着生，花丝细长，子房卵形。颖果矩圆形或近卵形，长约 6 mm，浅褐色。花期 4—5 月，果期 5—6 月。

营养价值：小麦草富含蛋白质、维生素、矿物质和活性酶等成分，除能提供丰富的营养物质外，还具有药用保健作用。

图 2-7　小麦草

二、种植技术

（一）良种准备

为保证选择的种子可以健康生长，符合良种要求，需要合理考虑以下几个方面：种子的选择需要结合当地气候以及土壤条件进行综合分析；种子的选择应该适应市场需求以及生产技术的发展；在播种前，需要对种子进行晾晒。

（二）精细整地

整地的目的是为农作物提供良好的生长环境，是培育全苗以及壮苗的基础。通常情况下，整地需要按照"一平、二匀、三松"进行。"一平"，指土地平整，要求土壤深耕，深度大于 25 cm，在深耕之前需要做好土壤的粗平，深耕之后需要做好复平，不能出现墒沟伏脊等现象；"二匀"，指墒情均匀和肥力均匀；"三松"，指土壤上下松动、不存在明暗坷垃。整地过程的底肥控制十分重要，需增施有机肥。

（三）精播技术

1. 适时播种　从种植角度而言，影响小麦草正常生长的主要因素是温度，因此，播种时期的选择尤为重要。作为宠物饲草，小麦草要适时早播，一般在立秋后 9 月初即可播种。

2. 适量播种　小麦草每亩播种量一般为 30～40 kg。播种数量同样需要根据具体情况进行分析，不仅需要考虑到土壤特点，还需要考虑到小麦草的品种特点。如果种植地地力较差，可以适当增加播种量，其目的在于依靠主茎叶争取高产。如果种植地地力较好，则可以根据实际情况降低播种量。

3. 播种深度　为保证小麦草生产质量，通常情况下播种深度需要控制在 2～3 cm。

三、田间管理

（一）冬前麦田管理

小麦草发芽之后，需要立即进行查苗和补苗，为保证补苗效率，可以采用浸种催芽方式。当小麦草长到 3 叶或 4 叶时，需要再次进行补疏，并且及时浇水，保证小麦草早发。

冬前肥水是小麦草种植中的一个重要环节，具体操作可以总结为以下内容：一是浇冬水。浇灌冬水的作用为改善土壤水分含量，保证小麦草越冬和返青过程中的水分需求；平衡土地温度，保证土地温度基本恒定，为小麦草根系越冬提供良好的条件；进一步沉实土壤；降低病虫害的影响。为保证浇灌冬水的效果，需要对浇水时间进行合理控制，通常情况下控制在 11 月底。在浇灌之后需要立即做好墒情处理。二是追冬肥。冬肥对植物生长有重要作用，通常情况下，会结合浇冬水同时进行。需要注意，冬肥的施加不能过量，如果种植地肥力良好，可以少施或不施，以免造成麦苗出现倒伏问题。除此之外，不需要进行冬水灌溉的土地则不需要追施冬肥。三是深耕断根。深耕的方式可以帮助小麦草去除老根，提高小麦草的活力。

（二）春季麦田管理

春季麦田管理需要做好锄草工作，3 月小麦草将会起身，此时可以应用 22％噻虫·高氯氟可湿性粉剂以及 75％苯磺隆干悬浮剂混合液提升小麦草的生长质量。每次刈割后，结合灌溉或降雨，每亩追施氮肥或复合肥 10～15 kg。

（三）小麦草种植各阶段的病虫害防治

1. 播种期的病虫害防治　在小麦草播种期，做好病虫害防治才能够为小麦种植打好基础。在该阶段采取一定的病虫害防治技术，可以产生良好的防治效果，能够使小麦草整个生育期的病虫基数得到降低。在实际进行病虫害防治时，可以采取化学防治和农业防治相结合的措施，进行精耕细作、轮作倒茬、秸秆还田和适时晚播，从而使麦苗的抵抗力得到增强，并且减少麦苗发病概率。重点需要防治的病虫害包含吸浆虫、纹枯病等，可以采取药剂拌种和种子包衣等措施。针对地下存在的病虫害，还要做好土壤处理。例如，针对纹枯病，需要使用 25％三唑酮乳油 15 kg/hm²，然后兑水稀释后将其喷于地表。为实现地下害虫的防治，还要使用 50％辛硫磷颗粒剂，用量为 300 kg/hm² 搅拌，然后兑水完成毒土的配置，并且在耕地前均匀播撒。此外，可以在播种前进行小麦草种子处理，针对不同种类的病虫害，需要选用不同的药剂作为种子包衣。

2. 返青期的病虫害防治　在返青拔节时期，小麦草容易发生的病虫害包含麦蜘蛛、纹枯病等。该阶段需要做好地上和地下的病虫害防治。针对纹枯病，要选用氟环唑、三唑酮等杀菌剂，然后兑水在麦苗茎基部进行喷洒，每隔 7～10 d 进行 1 次，并且连续完成 3 次喷药，还能够防治白粉病和锈病。针对麦蜘蛛，要使用 73％炔螨特乳油 1 500～2 000 倍液喷雾进行防治，也可以采取除草和深耕等措施进行综合防治。针对地下害虫，可以使用噻虫胺或毒死蜱[①]对麦茎根部进行喷洒。

3. 收获　种植当年冬前收获 1 茬，翌年返青后收获第 2 茬，第 3 茬收获籽粒。收获时，小麦草植株不高于 30 cm，未孕穗，叶色深绿，茎叶完整，无明显病虫害。

---

①　毒死蜱，禁止在蔬菜上使用。——编者注

四、小麦芽制作

（一）小麦种子浸泡

将小麦种子洗净后，放置在特定容器中加水浸没种子，浸泡8～10 h，直至泡软不再吸收水分为止，冬天气温低浸泡的时间较长，夏天气温高浸泡的时间较短。

（二）发芽

将浸泡好的种子清洗干净，取一个平盘，铺上育苗纸，用水淋湿，然后将浸泡好的种子均匀地放置在平盘中并淋湿，用另一个平盘或遮光板遮住，防止阳光照射。

（三）管理

每天需给种子洒水，保持种子发芽所需要的湿度。如果发现有发霉变坏的种子应当捡出，防止感染其他种子。

（四）出苗

等到嫩芽出来1cm左右，可以将遮光板取掉，让小麦芽见光开始自由生长，每天还需用喷壶浇水2～3次。

（五）收获

小麦苗长出后再生长10 d左右，长至15 cm左右高就可以收获了。用锋利的剪刀在根部上方进行修剪，可以放在冰箱中保存1周左右。修剪过后小麦草还可以继续生长，定期浇水，一般可连续收获3～4次。

五、小麦草应用

小麦草中含有一些粗纤维，可以促进肠胃蠕动，帮助猫咪消化食物并加快排便，是很好的常见猫草。猫咪在长期食肉之后，也需要喂一些猫草帮助消化。并且小麦草富含维生素和矿物质，可以帮助猫咪补充营养，同时能刺激猫咪肠胃，帮助猫咪吐出毛球儿，有助于清洁口腔、强健猫咪牙齿，还有助于猫咪打发无聊时间、舒缓精神压力、放松心情。但饲喂猫草不能过度，否则容易导致猫咪胃内酸碱失衡。因此，需要进行控量进食。如果猫咪身体状况比较好，可以半个月以上喂1次猫草；如果猫咪吞毛较多，可以1周喂1次。

此外，小麦草也可以喂兔子、龙猫等宠物。

第六节　鸭　茅

一、品种特性

鸭茅（*Dactylis glomerata* L.），俗称鸡脚草、果园草等，是一种优良的禾本科多年生牧草，有很高的饲养价值。

（一）植物学特性

鸭茅是禾本科鸭茅属多年生草本植物。须根发达，主要根群分布在 30～40 cm 的土层中，种植 3 年以上的鸭茅草地，土表可形成致密的根状结构，起到良好的固结水土的作用；茎直立，高 60～140 cm，基部扁平，属于丛生型上繁草。植株基部叶片密集，幼叶呈折叠状，叶面及边缘粗糙，断面呈 V 形，披针形叶片无叶耳，叶舌膜质。小穗长 8～15 cm，着生于穗轴一侧，簇生于穗轴顶端，状似鸡爪，故有鸡脚草之称。小穗有 3～5 朵小花，外稃顶端有短芒。种子梭形或扁舟形，千粒重约 1 g。

（二）生物学特性

鸭茅原产于欧洲西部，河南、浙江、湖北、陕西、山东、山西等地均有栽培。鸭茅喜温暖湿润的气候，抗寒性较强，适合早春、晚秋生长。根系生长适宜温度比地上部分所需温度低，在白天温度为 21℃、夜间温度为 12℃时最有利于鸭茅的生长。耐热性差，当温度高于 28℃时生长显著受阻。抗旱性较好，在年降水量为 500～1 200 mm 地区均能良好生长。耐阴性强，据测定，在光线不足的地方种植鸭茅，若 33％的直射光线被阻挡，时间长达 3 年，对产量无明显影响。增加光照，可提高产量和质量。最适合生长在肥沃的黏壤土或沙壤土中，有良好的耐瘠薄能力，对氮肥敏感性极强，略能耐酸，不耐碱，不耐淹。再生性强，每年可多次刈割。鸭茅生长寿命一般为 5～6 年。

（三）营养价值

鸭茅叶多茎少，质地柔软，营养丰富。青绿茎叶干物质含量为

23.9％～30.5％，其中粗蛋白质、粗脂肪、粗纤维、无氮浸出物、灰分分别占干重的 8.5％～18.4％、3.3％～5.0％、23.4％～35.1％、41.8％～45.6％、7.5％～11.4％。其营养价值与"牧草之王"苜蓿接近，适合各种草食宠物。

二、种植技术

(一) 选地与整地

选择地势开阔，坡度缓和，排灌方便，土层深厚，土壤肥沃，有机质含量高，保水（肥）性能强的黏质土、壤土种植。不宜选择盐地或 pH＞8 的碱土种植。在干旱的沙壤土、栗钙土上结合适当的灌溉也能获得比较满意的产量。

鸭茅由于种子细小，苗期生长缓慢，要达到齐苗、壮苗和全苗，就必须精细整地，耕深约 20 cm。结合整地施足有机肥，每亩施有机肥 3 000 kg 左右。

(二) 播种

1. 播种期 适宜播种期的选择要有利于鸭茅种子的萌发与定植，有利于减少或消除杂草、病虫害的侵袭，有利于牧草安全越冬（夏），主要考虑播种区域的水热条件、早霜时间、杂草与病虫危害程度、灌溉条件等因素。基于上述条件，鸭茅的播种期应因地而异，可选择春播、春夏播、夏播、夏秋播或秋播。推荐采用秋播，时间为 9 月上旬。选择在雨（灌溉）后播种，容易苗齐、苗壮、苗全。

2. 播种量 播种量主要根据播种方法、土壤墒情、利用目的与种子纯净度、发芽率等因素确定，应在播种前 15～30 d 对种子进行清选，做好种子的纯净度和发芽率检验，使其达到播种品质标准要求。一般单种条播用种量为 20～30 kg/hm^2。

3. 播种方法 条播行距 15～30 cm，播深 1～3 cm（图 2-8）。

图 2-8 条播鸭茅

三、田间管理

（一）灌溉、追肥

为了促进鸭茅的苗期生长和分蘖，缩短刈割间隔时间，提高产草量，改善鸭茅的品质和草层结构成分，延长利用时间，增强鸭茅的自身抗病能力，应适时浇水。当幼苗株高达 3～5 cm 时，可结合浇水进行追施尿素 75～100 kg/hm²；达到利用条件后，又可在返青、拔节、每次刈割后结合浇水进行追施尿素或复合肥 150～450 kg/hm²。

（二）病虫害防治

鸭茅常见病害有锈病、叶斑病、条纹病等。应严格种子清选、检疫、消毒。病初高密度放牧（刈割）或拔除患病植株与病害的转株寄主，合理浇灌、施肥；也可用三唑酮、多菌灵、甲基硫菌灵等药剂防治。

鸭茅常见虫害主要有黏虫、钻心虫、草地螟等。综合防治方法：一是做好监测预报，当测知有虫害大面积发生时，应在暴发前 10～20 d 对草场进行高密度刈割，将留茬高度降低为 2～3 cm。二是结合害虫种类，选用溴氟氰菊酯乳油、氯虫苯甲酰胺悬浮剂等农药进行防治，注意用药质量应符合《绿色食品 农药使用准则》（NY/T 393—2020）的要求。

（三）收获

鸭茅生长发育缓慢，产量以播后 2～3 年产量最高，播后前期生长缓慢，后期生长迅速。越冬以后生长较快。每年可刈割 5～6 次。留茬高度首先影响产草量，其次影响再生草的生长速度和质量。刈割时留茬高度应稍高一些，一般 10～12 cm。鸭茅草地割草如低于 6 cm，植株再生生长将受到严重影响（图 2-9）。

图 2-9 鸭茅

第七节 蒲 公 英

一、品种特性

蒲公英（*Taraxacum mongolicum* Hand.-Mazz.），别名黄花地丁、婆婆丁、黄花三七，属菊科多年生草本植物，具有抗寒、耐旱、耐涝的特性，在全国广泛分布，其繁殖生长极为旺盛。蒲公英不仅营养价值高，而且具有独特的药用保健功能，是一种天然的优质饲草，在宠物饲草行业生产中的应用开发前景十分广阔。

（一）植物学特性

蒲公英为全株含有白色乳汁的菊科多年生草本植物。直根系，根发达深长，单一或有分枝，外皮黄棕色。叶平展，基生，排列呈莲座状，叶片条状披针形或倒卵形，长约 10 cm，叶缘有羽状深裂。花茎圆柱形、中空，由叶丛抽出；花茎顶端生头状花序，花萼数个，开黄色舌状小花。果实成熟时呈绒球状，每个瘦果上都有较长白色冠毛，可借助风力传播种子。种子褐色，千粒重 1～2 g（图 2 - 10）。

图 2 - 10 蒲公英

（二）生物学特性

蒲公英在自然界的分布极为广泛，其独特的种子构造使它能到处传播。蒲公英适应性很强，抗寒又耐热。早春地温达 $1\sim2℃$ 时即可萌发，其根在露地越冬，可耐 $-30℃$ 低温。种子发芽最适温度为 $15\sim20℃$，叶生长最适温度为 $15\sim22℃$。对光照要求不严，但中等光照和短日照有利于枝叶生长。蒲公英也耐旱、耐涝、耐酸碱，可在各种类型的土壤中生长。蒲公英抗病性强，是具有药用保健价值的优质饲草。

（三）营养价值

蒲公英营养成分极其丰富。据测定：每 100 g 蒲公英嫩叶含水分 84 g、蛋白质 4.8 g、脂肪 1.1 g、碳水化合物 5.0 g、粗纤维 2.1 g、灰分 3.1 g、能量 205.02 kJ，还含有钙 216 mg、磷 93 mg、铁 10.2 mg、胡萝卜素 7.35 mg、维生素 B_1 0.03 mg、维生素 B_2 0.39 mg、烟酸 1.9 mg、抗坏血酸 47 mg 及多种氨基酸等营养成分。蒲公英还含有蒲公英苦素、蒲公英素、蒲公英赛醇、植物甾醇类、三萜类、倍半萜内酯类、香豆素类、黄酮类、酚酸类、胆碱等多种有效成分，这些物质对促进动物健康大有裨益。

二、种植技术

（一）播前准备

品种选择。可选用一些大叶品种，如法国的厚叶品种，其叶片大而肥厚；也可采集野生的蒲公英种子或设置固定的留种圃地。

（二）地块选择

蒲公英适应性强，既耐旱又耐碱，喜疏松肥沃、排水良好的沙壤土。应选择农业生态环境优良、周围无污染源、水质洁净、空气清新、土质疏松且富含有机质的区域作为蒲公英生产的基地。

（三）整地施肥

结合整地，每公顷施 $4\sim5$ t 腐熟的优质农家肥。深耕翻耙，旋耕深度在 15 cm 左右，使肥料与土壤充分混匀，可按宽 120 cm、高 15 cm 作畦，待播。地势高的地块也可仿野生方式不作畦、不起垄。

（四）播种

1. 播期　在土温达到 15℃ 以上时开始播种。露地栽培通常在 4 月播种，棚室栽培通常在 10 月播种。

2. 种子处理　播种量 15～20 kg/hm²。为了提早出苗，可采用温水烫种催芽，即把种子置于 50～55℃ 温水中，搅动至水凉后，再浸泡 8 h，捞出后包于湿布内，放在 25℃ 左右的地方。上面用湿布覆盖，每天早晚用 50℃ 温水淋洗 1 次，3～4 d 后种子萌动即可播种。

3. 播种　种子无休眠期，从春到秋可随时在露地播种。选择无风或微风天气进行。在畦上开浅沟 2～3 cm，沟距 10 cm，沟宽 10 cm，踏实浇透水。将种子掺细沙，拌均匀后可撒播于沟内，覆土 2～3 cm；或直接平播，播后用微喷方式浇透水，使种子与土壤充分接触。

三、田间管理

（一）松土除草

蒲公英抗逆性和抗病性较强，田间管理的重点是松土除草和肥水管理。播种后 10～15 d 出苗，出苗后半个月，进行 1 次松土除草。平播的用小尖锄于苗间刨耕；垄播的用镐头在垄沟刨耕。以后每 10 d 进行 1 次中耕松土。封垄后要不断人工除草。

（二）间苗定苗

蒲公英地上植株叶片大，管理要充分考虑到植株生长应具备一定空间，不可贪密恋苗，影响生长。间苗一般分 3 次进行，分别在 2～3 片真叶、5～6 片真叶期、7～9 片真叶期，间下的幼苗可以直接上市出售，最后按株距 5 cm、行距 10 cm 定苗。

（三）温度管理

蒲公英幼苗生长的最适温度为 15～18℃，温度过高，叶片会变得粗大，植株易老化，纤维增粗，食用品质变差，从而降低经济效益。棚室栽培的蒲公英棚内温度应控制在白天 15～22℃、夜间

10～12℃。

（四）肥水管理

蒲公英出苗后需要大量水分，因此保持土壤的湿润状态是蒲公英生长的关键。每次间苗、定苗就需浇小水，进入莲座期不再浇水，直到肉质根膨大期，视土壤墒情而浇水，要保持土壤见干见湿。使用喷滴灌设施进行水分管理更好。在施足基肥的基础上，每次刈割后追施肥料。棚室栽培的蒲公英，入冬后每亩在床（垄）上撒施有机肥 2 t，既起到施肥作用，又可保护根系安全越冬。不提倡施用化肥，施用化肥虽然使嫩株及叶片色深、快速生长，但失去了蒲公英的野生风味，品质不佳。

（五）病虫害防治

蒲公英抗病性强，适应性广，很少发生病害。但棚室栽培若管理不善，也会发生根腐病、白锈病、霜霉病等，可均匀喷施 70%甲基硫菌灵可湿性粉剂 500 倍液进行防治。虫害主要有蚜虫、白粉虱，可通过悬挂涂有机油的黄板进行诱杀或用烟剂（主要为温室栽培时采用）进行熏蒸，实现绿色栽培，提高品质。

（六）收获

按照商品要求的规格，遵循"采大留小、采梢留根"的原则适时采收，是优质高产的关键。露地栽培的蒲公英一般在播后30 d、叶片长 20 cm 左右时即可采收。棚室栽培的蒲公英在翌年2 月中上旬，当叶片呈深绿色、长度达到 15～20 cm 时，即可开始采收。

第八节 菊 苣

一、品种特性

菊苣（*Cichorium intybus* L.），别名苦苣、苦菜、皱叶苦苣、明目菜、咖啡萝卜、咖啡草，起源于地中海地区，最初因其药用功能被古希腊人和古罗马人使用。在欧洲，从 14 世纪开始菊苣就被当作一种蔬菜食用了。

（一）分类

菊苣分两种：一是皱叶菊苣，可以长至 45 cm 长，绿色带齿的叶子柔软并且有尖，形成一个圆形花饰。皱叶菊苣味道相当苦，菜心和里层的叶子呈黄色或白色。二是宽叶菊苣，叶子宽大，比起其他品种来说叶片不太卷，味道也不那么苦。宽叶菊苣叶子有些小齿，里面的叶子泛白并带黄边。宽叶菊苣的叶子经常受外界影响而变成棕色，尤其是菜心，所以这个菜心应该去掉。

（二）形态特征

多年生草本，高 40～100 cm。茎直立，单生，分枝开展或极开展，全部茎枝绿色，有条棱，被极稀疏的长而弯曲的糙毛或刚毛或几无毛。基生叶莲座状，花期生存，倒披针状长椭圆形，包括基部渐狭的叶柄，全长 15～34 cm，宽 2～4 cm，基部渐狭有翼柄，大头状倒向羽状深裂，或羽状深裂，或不分裂而边缘有稀疏的尖锯齿，侧裂片 3～6 对或更多，顶侧裂片较大，向下侧裂片渐小，全部侧裂片镰刀形或不规则镰刀形或三角形。茎生叶少数，较小，卵状倒披针形至披针形，无柄，基部圆形或戟形扩大半抱茎。全部叶质地薄，两面被稀疏的多细胞长节毛，但叶脉及边缘的毛较多。头状花序多数，单生或数个集生于茎顶或枝端，或 2～8 个为 1 组沿花枝排列成穗状花序。总苞圆柱状，长 8～12 mm；总苞片 2 层，外层披针形，长 8～13 mm，宽 2～2.5 mm，上半部绿色，草质，边缘有长缘毛，背面有极稀疏的头状具柄的长腺毛或单毛，下半部淡黄白色，质地坚硬，革质；内层总苞片线状披针形，长达 1.2 cm，宽约 2 mm，下部稍坚硬，上部边缘及背面通常有极稀疏的头状具柄的长腺毛并杂有长单毛。舌状小花蓝色，长约 14 mm，有色斑。瘦果倒卵状、椭圆状或倒楔形，外层瘦果压扁，紧贴内层总苞片，3～5 棱，顶端截形，向下收窄，褐色，有棕黑色色斑。冠毛极短，2～3 层，膜片状，长 0.2～0.3 mm。花果期 5—10 月。

（三）生物学特性

1. 温度　菊苣属半耐寒性植物，地上部能耐短期的－2～－1℃的低温，而直根具有很强的抗寒能力，在北京地区冬季用土埋住肉质根稍加覆盖，只要不被霜雪直接接触根皮，就能安全越冬。植株生长的温度以17～20℃为最适；超过20℃时，同化机能减弱；超过30℃时，所累积的同化物质几乎都被呼吸消耗。但是，处于幼苗期的植株却有较强的耐高温能力，生长适温为20～25℃，此阶段如遇高温会出现提早抽薹的现象。促成栽培软化菊苣时期，适温为15～20℃，以18℃为最佳。温度过高芽球生长快，形成的芽球松散，不紧实；温度过低则迟迟不能形成芽球，但不影响芽球的品质。

2. 水分　菊苣在整个生长发育过程中都需要湿润的环境。播种后如土壤水分不足，会延迟发芽出苗时间。但在苗期，为了促进根系的发育，需适当控制水分，做到田间见湿见干，植株分蘖后，直根开始膨大，此时应保证水分的供给。

3. 光照　植株营养生长期需充足的光照，肉质根才能长得充实。促成（软化）栽培时则需要黑暗的条件。

4. 土壤　宜选择肥沃疏松的沙壤土种植。菊苣对土壤的酸碱性适应力较强，但过酸的土壤不利于其生长。

（四）营养价值

菊苣叶片柔嫩多汁，营养丰富，叶丛期粗蛋白质含量22.87％，初花期粗蛋白质含量14.73％，平均17％，粗蛋白质每亩产量达250 kg。初花期含粗脂肪2.1％、粗纤维30.6％。菊苣氨基酸含量丰富，叶丛期9种必需氨基酸含量高于苜蓿草粉，且维生素、胡萝卜素、钙含量丰富。菊苣适口性好，利用率高，宠物喜食。

二、种植技术

（一）整地施肥

菊苣对土质要求不严，喜中性偏酸土壤。因种子细小，故深耕后应耙细整平，每亩施农家肥3 t。

（二）播种方法

栽培不受季节限制，最低气温在5℃以上时均可播种，一般在

4—10月可进行播种。有条播、育苗、切根3种方法繁殖。

1. 条播 每亩用种子300～400 g，播前先用细沙土将种子拌匀，播种深度为1～2 cm，播后立即填压保墒（要保证土壤潮湿，防止覆土太厚影响出苗）。

2. 育苗 每亩用种子100 g，先将苗床灌水，待水全部下渗后将与细沙土拌匀的种子撒在苗床上，然后在上面撒1～2 cm厚草木灰。经常保持苗床湿润，待幼苗长出6叶左右时，即可选择在下午进行移栽，移栽时将叶片切掉4/5，栽后立即浇水。

3. 切根 将肉质根切成2 cm长的小段，粗的根可切成数片，然后进行催芽移栽，株行距为30 cm×15 cm。

三、田间管理

播种后一般5 d苗可出齐，但要特别注意的是出苗后应追施速效氮肥，每亩施尿素10～15 kg，以促使幼苗快速生长，杂草竞争不过菊苣，则不需除草。菊苣怕涝，地里有积水应及时排除；收获时植株不高于40 cm，每次刈割后都要及时浇水、施肥（图2-11）。

图2-11　菊苣

第九节　苦荬菜

一、品种特性

（一）植物学特征

苦荬菜（*Ixeris polycephala* Cass.）为一年生草本，株高30～80 cm，无毛。茎直立，上部有分枝。基生叶多数，长3.5～8 cm，宽1～2 cm，顶端锐尖或圆钝，基部下延呈柄状，边缘具锯齿或不整齐的羽状深裂；茎生叶较小，卵状矩圆形或卵状披针形，长2.5～6 cm，宽0.7～1.5 cm，先端锐尖，基部常呈耳形或戟状抱茎，全缘或羽状分裂。头状花序密集呈伞房状，有细梗；总苞长5～6 mm，圆筒状，总苞片有2层，外层通常5片，卵形，极小；内层8片，披针形，长约5 mm，背部各具中肋1条。头状花序只含舌状花，黄色，长7～8 mm，先端截形，具5齿。瘦果纺锤形，黑色，长约3 mm，有细纵肋及粒状小刺，喙长为果实的1/4。冠毛白色，长3～4 mm。花果期6—7月。（图2-12）。

图2-12　苦荬菜

（二）生长习性

苦荬菜分布于中国东北、华北、华东和华南等地区；朝鲜、俄罗斯（远东地区）也有分布，其适应性较强，为广布性植物。

（三）营养价值

抱茎苦荬菜在花果期含有较高的粗蛋白质和较低量的粗纤维，每 100 g 全草中含维生素 C 7 018 mg。

二、种植技术

（一）环境要求

苦荬菜对环境的适应性强，耐热又耐寒，生长的适宜温度为 15～20℃，在湿润、营养丰富的沙质壤土中生长旺盛。对光照适应性强，但在强光下容易老化。

（二）土壤准备

选用灌溉良好的沙质壤土作为栽培田。前茬作物收获后，深翻土地。结合翻地每亩施入有机肥 1 500～2 000 kg 作为基肥。精细整地，做成宽 1.5 m 左右的平畦，待播。

（三）选择苗床

苗床应选择地势高、地下水位低、排灌良好的地方。最好选择未育过同类作物的土地或生茬地。如用老苗床，应对床土进行消毒。也可采用基质育苗。施用充分腐熟的堆肥。

（四）种子处理

播种前，用温汤浸种 10～15 min，苦荬菜种子催芽时间不宜过长，以免幼苗长势过于细弱。

（五）播种育苗

苦荬菜一般采取种子繁殖的方式。播种可选择在 4 月中上旬进行。露地播种可在整好的畦内按 25～30 cm 行距开沟，将种子均匀撒入沟内。播幅一般为 5～6 cm，播后覆土。若土壤干旱可适量浇水，浇水后用稻草覆盖，也可覆地膜，防止土壤板结。也可用撒播方式。在早春低温季节，还可用温室育苗、露地定植的方式。育苗一般在苗龄 30 d、7～8 片真叶时移栽，按行距 30 cm、株距 20 cm、每穴 2～3 株定植。栽后立即浇水，晴天时遮阳，保持较高温度以促进缓苗。3～5 d 即可完成缓苗。

三、田间管理

（一）肥水管理

出苗或缓苗后，应适当控水，防止幼苗徒长。当苗高 5～6 cm 时，进行中耕除草，以防杂草抑制幼苗生长。定植苗在缓苗后进行浇水施肥。每次刈割后结合灌溉进行追肥。

（二）防治病害

发现病菌后及时拔除病苗，并进行化学防治。

（三）防治虫害

1. 适季栽培　春季栽培早熟品种，进行地膜覆盖，争取在虫害盛期之前收获完。夏季停种寄主植物。

2. 生态防治　利用广赤眼蜂、凤蝶金小蜂、长脚胡蜂等天敌昆虫进行防治。

（四）适时收获

收获时植株不高于 30 cm。

第十节　串叶松香草

一、品种特性

串叶松香草（*Silphium perfoliatum* L.），又名串叶草，因其茎从两叶中间贯穿而出，故得此名，属菊科植物，国外又有"菊花草"之称。该草原产于北美洲高原地区。串叶松香草是多年生宿根性草本植物，生长期长，寿命可达 12～15 年，喜湿润又耐干旱，喜温暖又怕炎热，耐寒、耐瘠、耐刈割，生长快，再生力强，其中抗寒能力尤为突出，−38℃也难将它冻死。

多年来中国各地引种栽培，均证明它的确是一种高产、优质、适应性强、适口性好且各种畜禽都爱吃的好饲草。

（一）植物学特性

根肥大、粗壮。播种当年只形成肥大的根茎，分布较浅。春播根茎较大，秋播根茎较小。第二年起，生长速度加快，形成强大根系。茎直立，四棱，呈方形。茎幼嫩时质脆多汁，有稀疏白毛，逐渐长大变为光滑无毛，高一般为 2～3 m，最高可达 3.5 m。当年生莲座状叶片，一般长 50～60 cm，宽 25～30 cm，在肥水条件下，叶长可达 90 cm。第二年开始抽茎开花，叶色浓绿，叶序"十"字形排列，茎从中间贯穿而过，故名串叶草。头状花序有长梗，每株有头状花序 300～500 个。种子为瘦果，心脏形，扁平，边缘有薄翅，长1.3～1.5 cm，宽 0.8～0.9 cm，褐色（图 2-13）。

图 2-13　串叶松香草

（二）生长习性

串叶松香草能耐－38℃的严寒，抗 40℃的高温，中国南北地区均可种植。它比较耐旱（三年生植株根深可达 2 m）；在地下水位高、水分充足的土地上也可生长，能耐 10～15 d 浸泡。一次栽种，可连收 10～12 年，若管理良好，生长期可长达 15～20 年。田边地角、房前屋后均能种植，每亩鲜草产量高达 2 万 kg 以上，含蛋白质 760 kg，相当于 900 kg 黄豆、4 300 kg 小麦或 2 900 kg 玉米所含的蛋白质。一年可刈割 3～5 次。

（三）营养价值

串叶松香草鲜草产量和粗蛋白质含量高，适应性强，栽培当年亩产 1～3 t，翌年与第三年亩产高者可达 1 万～1.5 万 kg。据分析测定，其含水量为 85.85%。营养成分（占干物质百分比）：粗蛋白质 26.78%、粗脂肪 3.51%、粗纤维 26.27%、粗灰分 12.87%、无氮浸出物 30.57%。每千克鲜草表观消化能 1 749kJ，可消化粗蛋白质含量为 33.2 g。

二、种植技术

串叶松香草可以直接播种，也可以育苗移栽。

（一）整地

选择通风向阳、肥沃壤土作为苗床，畦宽 1.3 m，沟宽 0.3 m，泥土要敲细，畦面要平整。

（二）种子与播种

播前种子要日晒 2～3 h，后在 25～30℃温水中浸种 12 h，晾干后，再用潮湿细沙均匀拌和，置于 20～25℃室内催芽 3～4 d，待种子多数露白后播种。春播 3—4 月，秋播 8—10 月，早播不仅产量高，而且翌年分株，花、实数量增多。播前施足底肥。浇透水后，种间距离 5 cm 均匀播种，播种深度 1.5 cm，盖上一层焦泥灰和细土，然后用稻草覆盖，要经常喷水，保持湿润。苗出齐后，揭去覆盖物。时常浇水，以水保苗，以肥壮苗。

（三）移栽定植

一般株距 0.3 m，行距 0.5 m，每亩 2 000～2 500 株。春芽未萌发前或秋末叶片稍黄，有 5～6 片真叶时移植。定植后要浇水肥，保持湿润。

三、田间管理

（一）施肥

串叶松香草耐肥性强，移栽前每亩施有机肥 2 500 kg、磷肥

50 kg、标准氮肥 15 kg 作为基肥。每青刈 1 次，每亩追施标准氮肥 10 kg。一年后要继续施有机肥、磷肥和氮肥，以不断补充并保持土壤肥力。

（二）防治病虫害

串叶松香草抗病能力强，一般病虫害较少。花蕾期有时遇玉米螟侵害，可用 1 000 倍敌百虫驱杀。苗期出现白粉病，应及时喷洒 0.5 波美度的石硫合剂防治。在 7—8 月高温潮湿时，易发根腐病。主要防治措施为增施有机肥料，并结合深耕以改善土壤通气性、减轻发病。对于病株要拔除、烧毁，在病株处撒上石灰。

（三）灌溉除草

育苗阶段，要及时除草，适时施肥。移植后，因初期生长较缓慢，也要注意中耕除草。由于留种田的串叶松香草植株高，容易被风刮倒，故待苗生长旺盛后，应注意培土起垄，垄高一般 10～20 cm。既利于防风，又利于排水。在生长期内，如天晴干旱，要经常灌水保湿。

（四）收获

适时刈割，收获时植株不高于 45 cm。

第十一节　猫　薄　荷

一、品种特性

（一）植物学特性

猫薄荷（*Nepeta cataria* L.）又名荆芥、假苏。为唇形科荆芥属多年生草本，含有挥发性芳香油，全草芳香，高 40～150 cm。全株被灰白色短柔毛。茎直立四棱形，基部呈紫红色，上部多分枝。叶对生，基部叶具叶柄，3～5 回羽状深裂，裂片线状至线状披针形，全缘，两面均被毛，叶片下面具有下凹腺点，叶脉不明显。轮伞花序，集生在枝端形成穗状；花淡紫色，花冠唇形；花柱基生，2 裂。卵形小坚果，表面光滑。花期一般为 6—8 月，果期 7—9 月（图 2-14）。

图 2-14 猫薄荷

（二）生物学特性

全国大多数地区都有种植，主产于江苏、浙江、河北、江西、湖南、湖北、广西、四川等地。猫薄荷适应能力强，性喜阳光，常生长在温暖湿润环境中，对土壤要求不严，一般土壤均可种植，但疏松肥沃土壤中生长较好，在高温多雨季节怕积水。

二、种植技术

（一）选地整地

宜选择比较肥沃湿润、排水良好的沙壤土种植，地势以阳光充足的平坦地为好。猫薄荷种子细小，所以种植地块一定要精细整平，以利于出苗。同时施足基肥，每亩施优质有机肥 3 t 以上、饼肥 70~80 kg、复合肥 25~30 kg。耕翻深 25 cm 左右，粉碎土块，反复细耙、整平，做成宽 1.3 m、高约 10 cm 的畦，四周开好排水沟，再在畦面上横向开浅沟，沟距为 26~33 cm，沟深约 2 cm。

（二）种子繁殖

猫薄荷可采用直播或育苗移栽。一般夏季直播，而春季采用育苗移栽的方式。北方春播，南方春播、秋播均可。

1. 直播 猫薄荷直播分条播和撒播，以条播为好，便于管理，每亩用种量为 0.75～1 kg。5—6 月，麦收后立即整地作畦。播前种子用温水浸 4～8 h 后与细沙拌匀，播种时将种子均匀撒于沟内，覆土 1 cm 左右，以不见种子为度，稍加镇压。若土壤干燥，播后可适量浇水，保持湿润，7～10 d 即可发芽。

2. 育苗移栽 春播宜早不宜迟，应在早春解冻后立即播种。条播行距可缩小至 14～17 cm，覆细土，以不见种子为度，稍加镇压，并用稻草盖畦保湿。出苗后揭去覆盖物，苗期加强管理。当苗高 6～7 cm 时，按株距 5 cm 间苗。5—6 月，当苗高 15 cm 时移栽至大田，株行距为 15 cm×20 cm。

三、田间管理

（一）间苗、补苗

出苗后应及时间苗，直播苗高 10～15 cm 时，按株距 15 cm 定苗。育苗移栽要培土固苗，如有缺株，应及时补苗。

（二）中耕除草

在苗高 5～10 cm 时，结合间苗或定苗进行浅松表土和拔除杂草的作业，中耕要浅，以免压倒幼苗。直播后 1 个月封行，封行后不再中耕；育苗移栽可视土壤板结和杂草情况，中耕除草 1～2 次。

（三）追肥

猫薄荷需氮肥较多，应适当追施磷肥、钾肥。在苗高 10 cm、20 cm 以及每次刈割后追施。

（四）排灌水

苗期要保持土壤湿润，应经常浇水，以利于生长。成株后抗旱能力增强，但忌水涝，雨季应及时疏沟排除积水。

（五）病虫害防治

1. 立枯病 发病初期茎基部变褐，后收缩，腐烂倒苗。在发病初期，用 50% 多菌灵可湿性粉剂 500 倍液喷雾防治。

2. 茎枯病 茎枯病危害叶、茎、花穗。叶片感病后，似开水烫伤状，叶柄为水渍状病斑；茎部染病后，出现水渍状褐色病斑，后扩展成绕茎枯斑，造成上部茎叶萎蔫；花穗染病后，呈黄色，不能开花。在发病初期，可用50％多菌灵可湿性粉剂800倍液，或用50％甲基硫菌灵可湿性粉剂1 000倍液喷雾防治，每隔7 d施用1次，连喷3次。

3. 黑斑病　叶片发病后，初期出现不规则小斑点，后扩大，叶片变黑枯死；茎部发病后，茎部呈褐色变细，后下垂折断。在发病初期，可用65％代森锌可湿性粉剂500倍液，或用50％多菌灵可湿性粉剂500倍液喷雾防治，每隔7 d施用1次，连喷2～3次。

（六）收获

收获时植株不高于25 cm，每采收1次结合灌溉追肥1次（图2-15）。

图2-15　开花期猫薄荷

第十二节　籽粒苋

一、品种特性

籽粒苋（*Amaranthus hypochondriacus* L.）为苋科苋属一年生草本植物。原产于中美洲和南美洲，现已广泛传播于其他热带、温带和亚热带地区。我国东自东海之滨，西至新疆塔城，北自哈尔滨，南抵长江流域，除少数地区如内蒙古的锡林郭勒盟、青海的海西蒙古族藏族自治州种子不能成熟外，其他地区均可种植，并且长势良好。籽粒苋适口性好，营养价值高，鲜草中粗蛋白质含量可达

2%～4%，因此有人把籽粒苋称为"蛋白草"。

（一）形态特征

苋科苋属一年生草本植物。平均株高 2.9 m，最高 3.5 m。茎粗壮，直径 3～5 cm，分枝性强，单株有效分枝达 30 个以上。叶宽大而繁茂，长 15～30 cm，最宽处 14 cm，绿色或紫红色。种子细小，圆形，淡黄色、棕黄色或紫黑色，千粒重 0.54 g。生育期 110～140 d（图 2 - 16）。

图 2 - 16　籽粒苋苗期

（二）生长环境

籽粒苋为短日照植物，喜温暖湿润气候，生育期要求有足够的光照。籽粒苋分枝再生能力强，适于多次刈割，刈割后由腋芽发出新生枝条，迅速生长并再次开花结果。籽粒苋是喜温作物，生长期 4 个多月，但在温带、寒温带气候条件下也能良好生长。对土壤要求不高，最适宜于半干旱、半湿润地区，在酸性土壤、重盐碱土壤、贫瘠的风沙土壤及通气不良的黏质土壤中也可生长。抗旱性强，据测定，其需水量相当于小麦的 41.8%～46.8%，相当于玉米的 51.4%～61.7%，因而是西北黄土高原、半干旱半湿润地区沙地上的理想旱作饲草作物资源。在耐盐碱性实验中，种子在 0.3%～0.5% 的 NaCl 溶液中能正常发芽，在土壤含盐量 0.1%～0.23% 的盐荒地、pH 8.5～9.3 的草甸碱化土壤中均生长良好，所以，籽粒苋也是滨海平原及内陆次生盐渍化地区优良的饲草作物。

（三）营养价值

籽粒苋是一种粮、饲、菜和观赏兼用的高产作物。籽粒苋柔嫩多汁，清香可口，适口性好，营养丰富，是草食宠物的优质饲草。干品中含粗蛋白质 14.4%、粗脂肪 0.76%、粗纤维 18.7%、无氮浸出物 33.8%、粗灰分 20%、水分 12.34% 等。从提高蛋白质营养的角度来看，种 1 亩籽粒苋相当于种 5 亩青刈玉米。

二、种植管理技术

籽粒苋种子细小，需精细整地，宜疏松表土、保蓄水分，以为播种和出苗整齐创造良好条件。初次播种时最好进行秋季深耕，耕翻深度为 20～30 cm。整地时要施足基肥，翻耕前一般每亩应施入腐熟有机厩肥 2～3 t。播种前需要进行机械灭草并镇压，以利于控制播种深度，保证出苗的整齐度，克服缺苗、断垄现象。

籽粒苋对播种时间要求不严，春、夏、秋三季均可播种。北方地区春播在 4 月上旬至 5 月下旬，夏播可在 6 月中上旬，南方 3—10 月均可播种。每亩播种量 0.5～1 kg，播种多采用条播，株行距 30 cm×10 cm，播种深度 1～2 cm，播种后镇压，地面平均温度达 18～24℃ 时种子即可萌发。籽粒苋幼苗期生长速度缓慢，易受其他宿根性杂草抑制，但只要适当管理，幼苗很快分枝，生育中期营养体急剧生长，分枝多，茎叶繁茂。苗期中耕 1～2 次，若春旱严重，应适当沟灌保苗，现蕾期灌水 1 次可增产 12% 以上。每次刈割后追施化肥有显著的增产效果，每亩尿素追施量为 40 kg。也可育苗移栽，具体做法如下。

（一）育苗移栽

育苗移栽法要比直播提早 15～20 d，即 5 月上旬进行温床育苗。苗高 15 cm 时可移栽。此法缓苗快、成熟早，测产证明，比直播增产 20％。在育苗中，有条件的农户多采用温床育苗法。温床育苗是在床土下面铺设酿热物，通过酿热物的发酵放热，保证秧苗所需的温度。也可采用电热线育苗新技术，以保证秧苗所需温度。

（二）温床选择

温床大体分为地下和半地下两种。农户可任选一种。床址要选择地形平坦、高燥、背风、向阳、排水良好、地下水位低、距水源较近、南面开阔、北面有天然屏障的地方。床坑要在结冻前挖好。床框可用砖、土坯等物做成。注意防止冷空气进入床内。床坑内最下层铺 9 cm 厚的碎草，上面再铺 9～15 cm 厚发酵好的酿热物（如马、牛、羊等畜禽粪），踩实整平后，上面再铺 9～12 cm 厚的营养土。温床上盖农用塑料布，也可盖玻璃窗扇，最上面盖草苫子或棉被，以保温防寒。温床四周架好风障。

（三）苗床播种

要选择暖和无风的晴天进行，播前床土要达到疏松、细碎、平整，浇底水要适当，一般 9 cm 的床土，浇水湿透 8 cm 为宜。浇透水后，撒一层薄薄的营养土，有利于种子发芽。要求播量适宜，播种均匀，覆土厚度均匀一致。缝隙处用湿泥堵严，保持床内有较高的温度和湿度，以利于出苗。

（四）苗床管理

播种后做好苗床管理是培育壮苗的关键。要育好壮苗，除应具有疏松、肥沃、理化性质好的床土条件外，还要有充足的阳光、适宜的昼夜温度和湿度等。

1. 温度 床土温度在 18℃左右，待苗出土 70％时，立即通风降温。方法是在盖温床的农用塑料布和床框上面保留一定的空隙，使外面的新鲜空气经常进入温床内。幼苗出土以后的床温，晴天白天保持在 25℃左右，阴天白天保持在 20℃左右，夜间上半夜应保持在 18℃左右，下半夜保持在 12℃左右。在定植前 7～10 d 应开始对秧苗进行低温锻炼，以使得秧苗定植后适应露地气候。

2. 湿度 苗床的湿度要根据温度和光照的变化而调整。温度高、光照强时，湿度可稍大些；温度低、光照弱时，湿度应小些。苗床浇水要在高温的晴天上午进行。在播种后，出苗前及移苗后缓苗期湿度应相对大些，其他时间根据天气情况，保持秧苗生长正常的床土温度和空气相对湿度。

3. 光照和通风 为使苗床多照阳光，在维持适当床温的前提下，应白天提早揭去草苫子或棉被等覆盖物，傍晚晚些盖上。在整个育苗过程中，除去播种后出苗前和移苗后缓苗期这两个时期的一段高温期不通风外，其他时间无论风天、雨雪天、阴天，都要进行适当通风。气温低时小通风，气温高时大通风，以保证种苗生长所需的适宜温度。

4. 起苗移栽 移苗的头天晚上要浇透水，第二天即可起苗向大地移栽。栽苗前要事先刨好埯子（小坑），施足底肥，浇透水。没有农家肥的，可用化肥作为底肥撒入埯中，然后把秧苗移栽到埯中，培土掩实，秧苗四周略成凹形。为了提高单位面积产量，可采用地膜覆盖技术，在事先整地起垄的基础上，提前在垄上覆盖地膜，5月末把籽粒苋幼苗逐株栽到埯中。此技术最适宜在郊区耕地少的村屯大力推广。

三、田间管理

（一）间苗与定苗

当苗高 8～10 cm，即两叶期时进行间苗，有缺苗断空时，可随间随补栽。

（二）培土

籽粒苋植株高大，一般株高达 1～1.5 m 时，由于头重脚轻，易倒伏，可在中耕时培土预防倒伏。

（三）收获

适时收获，苗高 45 cm 左右时收获，每次刈割后追施氮肥。

第三章 宠物饲草加工

第一节 干 草

广义上的干草包括所有可饲用的干制植物性原料，即粗饲料，是以风干状态存在的饲料或原料，其干物质中粗纤维含量大于或等于18%。而狭义的干草是特指牧草或饲料作物在质量兼优时期刈割，并经过一定的干燥方法制成的粗饲料，制备良好的干草仍保持青绿色，含水量为14%~17%，故也称为青干草。而宠物所食用的干草一般是在饲草幼嫩时期刈割，经过干燥而制成的专用于草食宠物食用的粗饲料。本章重点讲述宠物食用干草的加工和贮藏。

青绿饲料水分含量高，细菌和霉菌容易生长繁殖使其霉烂腐败，通过自然或人工干燥的方法使新鲜牧草迅速处于生理干燥的状态，达到标准的含水量，抑制细菌和霉菌的生长繁殖，减少细胞呼吸和酶的作用导致的营养物质损失，从而达到长期保存的目的。干草调制过程一般可分为2个阶段：第1阶段，从饲草收割到含水量降至40%左右，此阶段细胞尚未死亡，呼吸作用还在进行，此时养分的变化是分解作用大于同化作用，应尽快使含水量下降至40%以下，促使细胞及早萎亡。第2阶段，饲草含水量从40%下降至17%以下，此阶段饲草细胞的生理作用停止，多数细胞已经死亡，呼吸作用停止，但仍有一些酶参与一些微弱的生化活动，养分受细胞内酶的作用而被分解。此时，微生物已处于生理干燥状态，繁殖活动也已趋于停止。

一、干草种类

干草的种类，常用的分类方法是按照原料和干燥方法进行划分。

（一）按照原料分类

1. 豆科干草 指利用豆科牧草调制而成的干草，如紫花苜蓿等，草食宠物较喜食。该类干草富含蛋白质、钙和胡萝卜素等，营养价值较高。良好的豆科干草，其营养价值可接近精饲料。而草食宠物食用的饲草一般为饲草的幼嫩枝叶，叶量丰富，因此在调制宠物食用的干草时，应更加注意防止叶片脱落造成营养价值下降（图3-1）。

图3-1 苜蓿干草

2. 禾本科干草 指利用禾本科牧草调制而成的干草，如燕麦、梯牧草、小黑麦、小麦草和鸭茅等，草食宠物较喜食。常用禾本科干草含有丰富的糖类，适口性好，容易调制成功。宠物食用的禾本科干草一般收获期较早，叶量丰富，营养价值高于常用干草（图3-2）。

3. 菊科干草 指利用菊科牧草调制而成的干草，如蒲公英、

菊苣、苦荬菜和串叶松香草
等，草食宠物较喜食，可以增
强动物的食欲，帮助消化，具
有祛火健胃的功效。此类牧草
嫩时质脆含汁，叶片宽大，干
草蛋白质含量较高，营养价值
非常高。

4. 唇形科干草 指利用唇
形科牧草调制而成的干草，如
猫薄荷等，猫较喜食。猫薄荷
闻起来有一股清香，其中的荆
芥内酯可以刺激猫的大脑神
经，让猫感受到舒适。

图 3-2 小麦草干草

5. 苋科干草 指利用苋科牧草调制而成的干草，如籽粒苋等。
草食宠物较喜食。籽粒苋枝叶繁茂，根系发达，具有很强的耐寒
性，并且营养价值丰富，蛋白质品质优良，其植物多糖、植物蛋
白、不饱和脂肪酸、膳食纤维及无机盐含量较其他谷物高。

（二）按照干燥方法分类

制作干草的方法和所需设备要因地制宜，如果当地气候条件允
许，阳光充足，则可进行自然晒制；如果气候潮湿晾晒困难，则可
利用大型的专用设备进行人工干燥调制。

1. 自然干燥的干草 指利用太阳辐射或阴干的方法调制而成
的干草。这种方法操作简单、成本低、利用广泛，但是受天气影响
较大，营养损失较多（图 3-3）。

2. 人工干燥的干草 指利用烘干设备快速干燥而成的干草。
该方法成本较高，投入较高，但营养物质损失较少，其制品可保存
鲜草的营养物质达 90%～95%（图 3-4）。

3. 冻干草 在高寒地区，还可适当延迟牧草播种期，使霜冻
期与牧草收割期重合，以获得品质良好的冻干草。

图 3-3　自然晾晒的苜蓿干草

图 3-4　空气能烘干房

二、调制干草的意义

调制干草是解决年度内不同时期饲草料供应不均衡的有效方法之一。一般情况下，饲草在夏秋两个季节生长旺盛，而在冬春两个季节相对匮乏。调制干草可以将生长季多余的饲草保存下来，解决冬春季饲草缺乏的问题。

调制宠物干草是解决区域间饲草供应不均衡的有效方法之一。区域内宠物与饲草的供给之间存在不平衡。草食宠物是人们玩赏、作伴和舒缓人们精神压力的动物，一般生活在城市中的居民喂养较多，宠物所需的饲草则需从偏远的牧草生产地购买。

可利用调制干草来解决季节和区域间饲草及宠物分布不一致的问题。调制干草有以下几个优点：①优质的干草可以为草食宠物提供充足的营养物质；②绝大多数禾本科、豆科及其他饲草原料均可调制成干草；③干草调制过程简单，利用手工或者机械方法就可完成从收获、干燥、贮藏到饲喂各个环节的工作；④便于贮藏和运输，可在干燥、阴凉的地方可长期保存，且营养成分几乎没有损失。

三、优质干草的特点

新鲜饲草调制成干草，可实现长时间保存和商品化流通，还可以缓解饲草的季节和区域供应不平衡的问题。干草除供宠物直接饲用外，还可加工成干草粉、草颗粒、草块和其他饲用产品。

品质优良的干草，其共同特性是茎叶完整、颜色青绿、质地柔软、具有芳香或清香味、营养物质含量达到正常标准、某些维生素和微量元素含量较丰富，无杂质，可以为草食宠物提供优质的蛋白质、能量、矿物质和维生素等营养物质。高质量的干草是宠物正常生长发育的前提，可为其更好地陪伴人类发挥作用（图3-5）。

优质干草的特点主要有以下几点：

1. 茎叶完整　叶片中含有丰富的营养物质，且各种养分的消化率高，优质干草叶片比例高，因此在干草调制过程中，应尽量避免叶片脱落。

2. 颜色青绿　优质干草应为青绿色。一般认为，干草中的胡萝卜素含量与其叶片的颜色有关，绿色越深，胡萝卜素的含量越高。

3. 质地柔软　这与牧草的收割时间和干草的调制方法有关，宠物饲草比一般的干草刈割时间更早，一般在营养生长期进行刈割，是调制宠物干草的最佳时期，使用合适的调制方法，就可得到

图3-5 优质梯牧草干草

质地柔软的优质干草。而刈割期较晚的饲草不适宜饲喂草食宠物。

4. 具有芳香或清香味 制作、保存良好的干草具有特殊的、闻起来舒服的芳香或清香味，这是饲草中一些酶和干草轻微发酵共同作用的结果。

5. 无杂质 优质干草，不应混有泥土、石块、枯枝和生活垃圾等杂物，并且不应有明显的虫害痕迹。

四、影响干草品质的主要因素

影响干草品质的主要因素包括牧草种类、收获时间、加工方法、贮藏时间、自然条件等。

1. 牧草种类 由于牧草种类的不同及同一种类的不同品种在营养价值上有较大差异，因此干草成品营养成分含量不同。一般来说，豆科植物干草的品质好于禾本科植物干草。

2. 收获时间 牧草的收获时间对草产品的质量影响很大，是影响干草质量的第一要素。收获时间越早，草产品中粗蛋白质等可消化营养成分比重就越大，粗纤维等含量较少，但植株含水量高，晾晒时间长营养损失增加；反之，粗纤维含量增加，蛋白质含量比重小，干草质量下降。

3. 加工方法 加工方法对干草品质有很大影响。在自然干燥过程中，由于牧草各部分干燥速度不一致，叶片特别容易折断，特别是在豆科牧草晾晒、收拢、搬运时，由于叶、叶柄干燥速度快，而茎、秆的干燥速度较慢，所以叶极易脱落，而叶又是营养含量最丰富的部分，因此自然干燥会使干草质量下降。人工干燥的方法脱水速度快、干燥时间短、营养损失少，牧草品质好。

4. 贮藏方法　贮藏条件的好坏是决定干草品质好坏的主要因素之一，遮阳、避雨、地面干燥的贮藏条件有利于干草长时间保存。一般干草的含水量要在 18％以下，并且需要保持良好的通风。

5. 自然条件　在调制加工和贮藏干草过程中，干草所处的自然环境条件也会对其品质产生一定影响。例如，雨淋或露水多时不仅会使牧草遭受腐败微生物的侵蚀而导致腐烂变质，而且还会使牧草中的营养成分损失。另外，如鲜草长时间晒制会使植物中的胡萝卜素、叶绿素和维生素 C 等大量损失，尤其是维生素类损失严重，因此晒制干草时应尽量避免牧草长时间暴晒。

五、干草调制原则

根据干草调制的基本原理，在牧草干燥过程中，必须掌握以下基本原则：

（1）尽量加速牧草的脱水，缩短干燥时间，以减少由于生理、生化和氧化作用造成的营养物质损失，尤其要避免在雨淋后和露水过大时操作。

（2）在干燥末期应力求植物各部分含水量均匀。

（3）牧草在干燥过程中，尽量避免在田间长期摊晒。应当在草场上使牧草凋萎后，及时干燥。

（4）集草、聚堆和包装等作业，应在植物细嫩部分不易折断时进行。

六、干草调制工艺流程

目前，生产中常用的干草调制工艺流程可以分为自然干燥法和人工快速干燥法。

（一）自然干燥法调制干草工艺

1. 前期处理阶段 豆科牧草调制干草，在刈割前，最好进行干燥处理。选择合适的干燥剂，按要求配制成溶液喷洒在牧草上，可以有效缩短新鲜牧草调制成干草的时间，减少营养物质损失，而对于禾本科牧草效果不是很明显。

2. 中期处理阶段 根据牧草生长地理条件，对需要的地区可将刚刈割的牧草采取压扁、切短等措施加快牧草的干燥速度，并且可以减少牧草营养物质的损失。

3. 干燥晒制阶段 调制干草最好选择天气晴朗时进行，将刈割后的牧草在原地或附近干燥地铺成薄长条状暴晒，使水分迅速蒸发降至40％左右，然后利用晚间或早晨的时间进行一次翻晒，可将2行草垄合并成1行，不仅可以减少阳光长期直射导致胡萝卜素等营养物质的损失，而且可避免暴晒过久导致牧草叶片大量脱落，并且能提高收集的效率。也可将含水量为40％左右的饲草堆成小堆，等待全部干燥后进行收集。

4. 收集贮藏阶段 当牧草的含水量下降到18％以下时，可在晚间或早晨收集，以减少牧草叶片的损失和破碎。在收集过程中，应特别注意不能将田间的土块、杂草等混进饲草中，以免影响宠物食用的口感。牧草收集完成后可在仓库中贮藏一段时间，然后分装。由于宠物食用的牧草刈割时间较早，叶片量多，打捆、压实等会使大量叶片脱落，影响牧草营养物质的含量，因此宠物食用的牧草不建议进行打捆、压实等作业，建议直接进行分装贮藏或销售。

（二）人工快速干燥法调制干草工艺

一般选择天气晴朗的上午刈割牧草，刈割后最好就地摊晒2～4 h，使水分减少到60％。牧草人工干燥法一般分为2种，即通风干燥法和高温快速干燥法。采用通风干燥法一般需要建造干草棚，棚内设有通风设施和通风道进行干燥。高温快速干燥法的工艺过程是将牧草置于鼓风干燥仓内，通过高温杀青、恒温干燥等步骤对牧草进行干燥。采用高温快速干燥法是调制宠物饲草的常见方法，可保存牧草营养物质的 90％以上。

调制干草的方法应根据实际情况而定，在调制干草时必须防止雨露浸淋。在牧草刚收割时，雨露的浸淋不会对干草质量产生大的影响，但干燥到一定程度后，雨露的浸淋会造成营养物质的较大损失，干物质损失可达 20％～40％，磷损失达 30％，氮损失达20％。阳光直射可使饲草所含的胡萝卜素和叶绿素因光合作用而破坏。为了不损失过多营养物质，要防止叶片脱落，在翻晒、堆垛和运输过程中都应对叶片加以保护。

在选择使用自然晒制法调制干草时，应该根据当地气候、场所的实际情况灵活运用，尽可能避开阴雨天气。在人力、物力、财力比较充裕的情况下，可以从小规模的人工干燥方法入手逐步向大规模机械化生产发展，提高调制干草的质量。无论是何种调制方法都要尽量减少机械和人为造成的牧草营养物质损失。在干草调制过程中，由于刈割、翻草、搬运、堆垛等一系列手工和机械操作，不可避免地造成细枝嫩叶的破碎脱落，一般情况下，叶片可能的损失达 20％～30％，嫩枝损失为 6％～10％。因此，在晒草的过程中除选择合适的刈割期外，应尽量减少翻动和搬运，减小机械作用造成的损失（图 3-6）。

图 3-6　刈割后待烘干的鲜草

七、干草贮藏

干草贮藏是牧草生产中的重要环节，可保证一年四季或饲草短缺季的均衡供应，保持干草较高的营养价值，减少微生物对干草的分解。良好的贮藏环境可以减少干草营养物质损失；贮藏不当，会造成干草营养物质大量流失、腐烂变质，甚至会因管理不当导致火灾发生，造成严重损失。

当干草的含水量为 $14\%\sim17\%$ 时即可进行贮藏。为了长期安全地贮藏干草，在贮藏前，应使用最简便的方法判断干草的含水量，以确定是否适于贮藏。主要通过感官、触摸、抖动或揉搓时的声音，即通过颜色、叶片状况、叶柄是否易于折断等进行判断。干草在贮藏时应避免与地面直接接触而变质，要选择地势较高、干燥、防雨防潮的地方进行贮藏，并且要避免多次翻移导致叶片脱落、营养物质流失（图3-7）。

图3-7　干草贮藏

八、各类干草调制准则

1. 苜蓿干草　将苜蓿刈割后，自然干燥或使用空气能烘干房进行快速干燥，使水分含量下降至标准含量以下，最后进行分装、贴标签，制作成宠物饲料苜蓿干草。要求苜蓿原料植株不高于45 cm，未现蕾，叶量较多，叶色深绿，茎叶完整，无明显病虫害，不含其他植物，不含石块、塑料等异物。宠物饲料干草的感官指标要求见表3-1。其检验方法是将饲草置于白色背景下，采用自然光目测法观察，同时利用嗅觉法检验。

表 3-1　宠物饲料干草的感官指标要求

项目	指标
气味	有干草芳香味、无霉味等其他异味
色泽	青绿色或淡绿色
形态	茎叶较为完整，无明显霉斑、病斑

宠物饲料苜蓿干草的理化指标要求见表3-2。

表 3-2　宠物饲料苜蓿干草的理化指标要求

项目	指标
水分（%）	≤14
粗蛋白质（CP,%，干物质基础）	≥20
中性洗涤纤维（NDF,%，干物质基础）	≤40
酸性洗涤纤维（ADF,%，干物质基础）	≤30
粗灰分（ash,%，干物质基础）	≤12

2. 燕麦干草　将燕麦刈割后，自然干燥或使用空气能热泵烘干房进行快速干燥，使水分含量下降至标准含量以下，最后进行分装、贴标签，制作成宠物饲料燕麦干草。要求燕麦原料植株不高于40 cm，未孕穗，无明显倒伏，茎叶完整，无明显病虫害，不含其他植物，不含塑料、石块等异物。感官指标采用的检验方法是将饲草置于白色背景下，采用自然光目测法观察，同时利用嗅觉法检验。宠物饲料燕麦干草的感官指标要求见表3-1。宠物饲料燕麦干草的理化指标要求见表3-3。

表 3‑3　宠物饲料燕麦干草的理化指标要求

项目	指标
水分（%）	≤14
粗蛋白质（CP,%，干物质基础）	≥8
中性洗涤纤维（NDF,%，干物质基础）	≤55
酸性洗涤纤维（ADF,%，干物质基础）	≤30
粗灰分（ash,%，干物质基础）	≤12

3. 梯牧草干草　将梯牧草刈割后，自然干燥或使用空气能热泵烘干房进行快速干燥，使水分含量下降至标准含量以下，最后进行分装、贴标签，制作成宠物饲料梯牧草干草。要求梯牧草原料植株不高于 40 cm，未孕穗，茎叶完整，不含其他植物，无明显病虫害，不含石块、塑料等异物。感官指标采用的检验方法是将饲草置于白色背景下，采用自然光目测法观察，同时利用嗅觉法检验。宠物饲料梯牧草干草的感官指标要求见表 3‑1。宠物饲料梯牧草干草的理化指标要求见表 3‑4。

表 3‑4　宠物饲料梯牧草干草的理化指标要求

项目	指标
水分（%）	≤13
粗蛋白质（CP,%，干物质基础）	≥7
中性洗涤纤维（NDF,%，干物质基础）	≤55
酸性洗涤纤维（ADF,%，干物质基础）	≤40
粗灰分（ash,%，干物质基础）	≤12

4. 一年生黑麦草干草　将一年生黑麦草刈割后，自然干燥或使用空气能热泵烘干房进行快速干燥，使水分含量下降至标准含量以下，最后进行分装、贴标签制作成宠物饲料黑麦草干草。要求黑麦草原料植株不高于35 cm，未孕穗，无明显倒伏，不含其他植物，无明显病虫害，不含石块、塑料等异物。感官指标采用的检验方法是将饲草置于白色背景下，采用自然光目测法观察，同时利用

嗅觉法检验。宠物饲料黑麦草干草的感官指标要求见表3-1。宠物
饲料黑麦草干草的理化指标要求见表3-5。

表 3-5　宠物饲料黑麦草干草的理化指标要求

项目	指标
水分（%）	≤13
粗蛋白质（CP,%，干物质基础）	≥8
中性洗涤纤维（NDF,%，干物质基础）	≤60
酸性洗涤纤维（ADF,%，干物质基础）	≤35
粗灰分（ash,%，干物质基础）	≤12

5. 小麦苗干草　将小麦苗刈割后，自然干燥或使用空气能热
泵烘干房进行快速干燥，使水分含量下降至标准含量以下，最后进
行分装、贴标签制作成宠物饲料小麦苗干草。要求小麦苗原料植株
不高于30 cm，未孕穗，叶色深绿，茎叶完整，无明显病虫害，不
含其他植物，不含石子、塑料等异物。感官指标采用的检验方法是
将饲草置于白色背景下，采用自然光目测法观察，同时利用嗅觉法
检验。宠物饲料小麦苗干草的感官指标要求见表3-1。宠物饲料小
麦苗干草的理化指标要求见表3-6。

表 3-6　宠物饲料小麦苗干草的理化指标要求

项目	指标
水分（%）	≤14
粗蛋白质（CP,%，干物质基础）	≥20
中性洗涤纤维（NDF,%，干物质基础）	≤60
酸性洗涤纤维（ADF,%，干物质基础）	≤35
粗灰分（ash,%，干物质基础）	≤10

宠物饲料苜蓿、燕麦、梯牧草、一年生黑麦草、小麦苗干草的
卫生指标应符合《饲料卫生标准》（GB 13078）的规定，净含量应
符合《定量包装商品净含量计量检验规则》（JJF 1070）和《定量

包装商品计量监督管理办法》的规定。

每批产品出厂前应由企业质检部门进行检验，合格后附合格证，方准出厂。出厂检验项目为水分、粗蛋白质、中性洗涤纤维、酸性洗涤纤维、粗灰分、总砷、铅、小麦苗干草净含量。同一茬次原料、同一工艺设备连续生产出的同一班次产品为一批次。按照《饲料 采样》（GB/T 14699.1）的规定执行。

出现下列情况之一时，应及时进行型式检验：新产品投产时；更换主要原料、关键工艺、设备时；产品停产 6 个月以上恢复生产时；出厂检验结果与上次型式检验结果有较大差异时；国家质量监督检验机构提出要求时。

如检测中有一项指标不符合标准规定，应重新加倍取样进行复检，复验结果中有一项不合格即判定为不合格。检测与仲裁判定各项指标不合格的允许误差按《饲料检测结果判定的允许误差》（GB/T 18823）的规定执行。

产品采用符合《饲料卫生标准》规定的编织袋或纸箱定量包装，包装规格可根据用户要求或订货协议进行。不得与易污染、有毒、有害的物品混装、混运。储存场地清洁、干燥，具有遮阳、防雨、防潮、防鼠、防虫、防火、通风等设施，禁止与有毒、有害、有污染的物品混合存放。产品在储运条件和储存环境干燥的情况下，自生产之日起保质期为 12 个月。

第二节　草　　粉

草粉是指将适时刈割的饲草，经人工快速干燥、粉碎加工而成的青绿状草产品。

一、草粉种类

按照原材料的不同，可以将宠物食用草粉分为豆科草粉、禾本科草粉、菊科草粉和其他科草粉。加工草粉的主要原料是高产优质的豆科牧草和禾本科牧草，以及禾本科和豆科的混播牧草。豆科牧草的优势在于其含有丰富的维生素、微量元素和蛋白质，作为配合饲料组分时，可以替代部分精饲料。不适宜用来加工草粉的是品质低的杂类草、木质化程度和纤维素含量过高的牧草，以及多汁青嫩不易干燥的牧草，如聚合草。

1. 豆科干草草粉　宠物喜食的豆科草粉主要是紫花苜蓿草粉，一些其他豆科草粉利用得比较少，如红豆草、红三叶、野豌豆、三叶草、箭筈豌豆和胡枝子等草粉。

2. 禾本科干草草粉　宠物喜食的禾本科草粉主要有燕麦草、梯牧草、小黑麦、小麦草和鸭茅等草粉。

3. 菊科草粉　宠物喜食的菊科草粉主要有蒲公英、菊苣和苦麦菜等草粉。

4. 其他科草粉　宠物喜食的其他科草粉主要有唇形科和苋科草粉，猫薄荷和籽粒苋草粉较为常见。

二、调制优质草粉的意义

相对于干草来讲，优质草粉意味着可以保存更多的植物蛋白，更大程度上减少维生素和微量元素的损失。以紫花苜蓿草粉为例，其蛋白质含量可以达到干物质的 22％以上，叶粉蛋白质含量可达到 26％以上。蛋白质的营养价值取决于该种蛋白质在动物体内的消化率和所含氨基酸的种类及组成，易被动物消化、吸收和利用的蛋白质含量高，其营养价值就高。

相对于干草，草粉可以更好地减少饲草体内维生素类物质的损失。以紫花苜蓿草粉为例，其含有全面的 B 族维生素，维生素 A、维生素 D、维生素 E 和维生素 K、黄色素、胡萝卜素的含量也都比较高。随着认识的不断深入，人们逐渐发现苜蓿中的生物活性物质，如特殊的免疫活性蛋白——叶蛋白、黄酮、多糖、皂苷、膳食纤维等特殊营养功能成分。此外，苜蓿中还含有异黄酮、大豆黄酮类物质及多种未知生长因子。

维生素与宠物的健康状况息息相关。缺乏维生素 A 时，宠物对弱光刺激的感受能力降低，易患夜盲症。缺乏维生素 D 时，宠物对钙、磷的吸收和利用下降，可引起幼年宠物佝偻病和成年宠物软骨病。缺乏维生素 D 时，不仅可以通过食物进行补充，而且可以通过日光照射，使皮肤中的 7-脱氢胆固醇经化学变化转化成维生素 D_3，其作用与维生素 D 类似。缺乏维生素 E 时，常引起机体营养不良，且能加速体内硒的氧化过程，导致硒的相对缺乏症。维生素 E 存在于多数饲草中，在种子的胚乳中尤为丰富。缺少维生素 K 时，肝中凝血酶原合成不足，导致宠物出现凝血时间延长或自发性出血，多发生在缺乏新鲜饲草的宠物身上，且幼年宠物更为常见。

B 族维生素属于水溶性维生素，能溶于水，不易在体内储存，在体内通过形成辅酶对物质代谢产生影响，主要有维生素 B_1（硫胺）、维生素 B_2（核黄素）、烟酸（维生素 PP、尼克酸、烟酰胺）、维生素 B_6（吡哆辛）、泛酸、生物素、叶酸和维生素 B_{12} 等。维生素 B_1 在糖代谢中有重要作用，参与动物体内最重要的氧化脱羧反应，缺乏时体内重要代谢受阻，神经系统、心血管系统和胃肠系统受到损害。维生素 B_2 参与体内生物氧化还原反应。烟酸参与机体内生物氧化反应，对糖和脂肪的代谢起着重要作用。缺乏时，机体生长停滞、食欲减退。维生素 B_6 缺乏时，动物表现为皮炎、贫血和神经兴奋症状。泛酸是辅酶 A 的成分，参与糖、蛋白质和脂肪代谢。宠物很少发生泛酸缺乏症，缺乏时共同表现为生长迟缓。维生素 B_{12} 是抗恶性贫血因子，含元素钴。草食宠物胃、肠中的微生物能合成维生素 B_{12}，除饲料缺钴外，维生素 B_{12} 缺乏不易发生。

豆科饲草草粉中含有大量钙、磷矿物质，对宠物生长繁育非常重要。日粮营养中缺乏钙质，将导致宠物骨软化，骨质疏松，繁殖力下降。调制良好的草粉含有丰富的蛋白质、维生素和钙磷等矿物质。用优质草粉代替部分精饲料，可使饲料的营养更加均衡完善。此外，加工成草粉可以提高饲草利用率。对于一些茎秆粗大、宠物不易采食的饲草，粉碎后更有利于宠物食用、消化，也便于储存，可显著提高饲草利用率。草粉具有高蛋白和低能量的特点，可利用草粉解决蛋白质不足的问题。

三、草粉的粒级与营养

饲草粉碎后增大了饲草的表面积，有利于动物消化吸收。动物营养学试验表明，降低饲料粒度，可以改善物质、氮和能量的消化吸收。

粉碎后的饲料粒度降低，饲料表面积增大，因此饲料有更多机会与消化酶反应，可提高消化率。然而粒度过细会加快草粉通过消化道的速度反而造成饲料利用率降低。此外，长期饲喂有可能造成消化道溃疡，不利于宠物健康。同时，过细的草粉适口性也会下降，从而影响采食量。因此，需要根据饲喂宠物的消化系统特点进行草粉粒度的选择。

四、草粉的加工工艺

草粉的加工工艺主要分为原料刈割、干燥和粉碎 3 个部分。其中，刈割与干草调制时的工艺相似，刈割时间的选择需要兼顾饲草的产量和品质。高品质的草粉一般采用人工干燥的方法处理，这样有利于保证草粉最终的质量和品质。如果日照充足，天气良好，适宜干燥的地区也可采取自然干燥的方法。粉碎作业是通过粉碎机来完成的，选择粉碎效率高的机械可以显著降低草粉的加工成本。

1. 原料刈割 豆科牧草、豆科和禾本科混播牧草以及优良的禾本科牧草均是加工草粉的上等原料。木质化程度高和纤维含量高的高大粗硬牧草不适宜加工草粉。草粉的质量与牧草收获的时期密切相关。刈割期与调制干草的类似，要兼顾饲草产量和品质，品质优先。一般情况下，豆科牧草在现蕾初期收获，禾本科牧草应不迟于抽穗期。收获期过晚，草粉中纤维素含量增加，而胡萝卜素和蛋白质含量减少，草粉品质下降。刈割机械的选择与调制干草所用的机械相同，要求收获效率高、便于操作和维护。

2. 干燥 与调制干草类似，制作草粉的干燥方法也分为自然干燥和人工干燥两种。自然干燥方法同调制干草方法。人工干燥时，多采用机械收获，同时完成收割、切碎等工序。对茎秆较粗的豆科牧草要进行压扁处理，以利于干燥。人工干燥受天气条件的影响小，能最大限度地保存牧草的营养物质。然而，刚刚收获的牧草含水量在75%以上，人工干燥蒸发这些水分需要消耗很多能量，因此在天气晴朗日照充足时，可以将自然干燥和人工干燥结合起来应用，即刈割后先翻晒风干4～6 h，使牧草含水量降低到50%左右，然后进行人工干燥，这样可以减少2/3燃料消耗，而胡萝卜素、蛋白质的损失量却很小，是一种行之有效的方法。

人工干燥可以解决自然干燥存在的问题，即受天气条件的制约，不能适时收获和干燥速度慢，造成牧草大量营养物质流失。人工干燥的优点：受天气影响小，可以适时收获，减少田间损失；干燥时间短，营养物质损失少；有利于牧草规模化生产；采用人工干燥，可保证每批次草粉品质一致，有利于草粉作为商品在市场上流通。缺点：需要增加相应的设备，从而增加投入；增加了加工步骤，尤其是需要消耗大量燃料或电力，动力成本显著增加。

由于一直以来我国没有专门针对饲草干燥的机械设备，整体的干燥效果不是很好，耗能较高，因此人工干燥没有得到很好的推广应用。随着机械技术水平的不断进步，目前已发展出很多新干燥技术，包括带式干燥技术、转筒干燥技术、远红外干燥技术、气流干燥技术、过热蒸汽干燥技术、太阳能干燥技术，每种技术都有自身明显的优势。生产者可根据自身实际情况，选择相应的干燥技术和设备。

3. 粉碎　普遍应用的粉碎加工机械设备有铡草机、粉碎机、揉搓机和揉碎机。加工方法是切碎、粉碎和揉碎3种方式。铡草机、揉搓机和揉碎机多用于秸秆处理的过程中。这些机型设计原理简单，生产商乐意选择度电产量高、切碎效果好、草段长度可调、结构简单、移动和保养方便的机型。生产上常用的铡草机有筒式铡草机和磐石铡草机。筒式铡草机工作时，切碎滚筒回转，动刀片刃线运动的轨迹呈圆柱形，上、下喂入辊做方向相反的转动，将饲草夹紧，送进切碎滚筒，饲草即被动刀片切成一定长度的碎段。碎段落入排出槽，或由抛送器抛出。

常用于草粉生产的粉碎机是锤片式的。对粉碎机的技术要求是度电产量高，通用性能好，能粉碎不同类型的饲料，能处理较高含水量的饲草饲料，粉碎粒度可根据要求进行调整，颗粒大小均匀，粉末较少，而且不产生高热，经久耐用，便于维护。锤片式粉碎机主要由喂料斗、转子、锤片和筛片等零部件组成。饲草从喂料口喂入，并在高速回转的锤片打击带动下进入粉碎室。进入粉碎室的饲草首次被锤片打击而破裂，得到一定程度的粉碎，同时以较高的速度被甩向固定在粉碎室内部的齿板和筛片上，受到齿板的碰撞和筛片的摩擦作用而被进一步粉碎。随后，饲草又受到高速锤片的再次打击而变得更细碎。如此重复进行，直到粉碎粒度可以通过筛孔排出粉碎室为止。饲草在粉碎室内被击碎的过程中，同时受到碰撞、剪切、揉搓等作用，从而加强了粉碎效果。粉碎成品由出料口被风机吸入，经风机吹送至出料管，进入集料筒。夹带有物料的气流，在集料筒内以很高的速度旋转。气流中的粉料受离心力作用被抛向管的四周，速度逐渐降低而慢慢沉积到筒底由排料口排出。气流从顶部的排风管排出，实现粉气分离。

五、草粉质量评价

鉴定和评价草粉质量时，首先观察草粉的感官性状，然后进行营养成分的分析，在此基础上评价草粉的质量。

1. 感官评价 感官评价包括 4 部分：性状，有粉状、颗粒状等，无结块、无变质；色泽，暗绿色、绿色或淡绿色；气味，具有草香味、无发霉及异味；杂物，不应该含有有毒有害物质，不得混入其他物质，如沙石、铁屑、塑料废品、毛团等。如加入氧化剂、防腐剂等添加剂时，应说明所添加的成分与剂量。

2. 营养成分分析 草粉以水分、粗蛋白质、粗纤维、粗灰分及胡萝卜素的含量作为控制质量的指标，按照含量划分等级。含水量要求一般不能超过 10%，特殊情况下也不能超过 13%。各项指标的测定值均以干物质为基础进行计算。草粉的种类很多，各个国家均有自己的标准。

六、草粉贮藏

饲草草粉属于粉碎性饲料，颗粒较小，因此比表面积大，在促进动物对营养物质吸收的同时，由于暴露在空气中的面积大，营养物质也易被氧化分解。比表面积的增大也会增加草粉的吸湿性能，尤其是在潮湿的空气环境下，贮藏和运输途中容易吸湿结块，给霉菌等微生物提供侵染繁殖的条件，导致草粉发热、变质、变色甚至霉变，丧失饲用价值。因此，优质草粉在贮藏和运输中需要采取隔气防潮的相应措施，减少因氧化和微生物活动带来的营养损失。

1. 低温密闭贮藏　低温密闭贮藏方法是冬季在北方寒冷地区采用的经济有效的方式之一。饲草草粉营养价值的重要指标是蛋白质、维生素和矿物质的含量。因此，保存草粉营养价值的关键在于如何减少草粉中维生素、蛋白质等营养物质的损失。生产实践表明，低温密闭条件可以很好地减少饲草草粉中维生素和蛋白质的损失。

2. 干燥低温贮藏　草粉的安全贮藏应将含水量和贮藏温度控制在适宜范围内。当草粉含水量在 13%～14% 时，要求贮藏温度在 15℃ 以下；含水量在 15% 左右时，相应的温度要在 10℃ 以下。

3. 其他贮藏方法

（1）利用密闭容器换气贮藏。在密闭容器内调节气体环境，创造良好的贮藏环境。将干草粉置于密闭容器时，借助气体发生器和供气管道系统，将容器内的空气改变为氮气含量 85%～89%、二氧化碳含量 10%～12%、氧气含量 1%～3%。在这种环境条件下贮藏草粉，可大大减少营养物质的损失。

（2）添加抗氧化剂和防腐剂贮藏。由于草粉的营养品质高，蛋白质、脂肪和维生素等物质在常规贮藏过程中易因氧化而变质，因此常常采用添加抗氧化剂和防腐剂来抑制微生物的活性，防止草粉变质、饲用价值下降。常采用的抗氧化剂有乙氧喹、丁羟甲苯、丁羟甲基苯等。防腐剂有丙酸钙、丙酸铜、丙酸等。为防止胡萝卜素受光线照射而氧化损失，草粉需要采用黑色纸袋包装。在草粉运输过程中，也要避免日晒、雨淋和包装损坏。

七、苜蓿草粉调制准则

苜蓿草粉是将苜蓿刈割后，自然干燥或使用烘箱或空气能热泵烘干房进行干燥，使水分含量下降至标准含量以下，利用粉碎机将草粉碎至粉末状，最后进行分装、贴标签而成。原料中有害物质及微生物允许量应符合《饲料卫生标准》（GB 13078）的规定，且无明显病害。苜蓿草粉的成品粒度应全部通过 1.25mm（16 目）编织筛，0.60mm（30 目）编织筛筛上物不高于 10%。苜蓿草粉整体呈现绿色或淡绿色粉状，具有草香味，质地均匀，无酸败、无霉斑、无虫蛀、无结块及异味。其理化指标要求见表 3-7。

表 3-7　宠物饲料苜蓿草粉理化指标要求

项目	指标
水分（%）	≤13
粗蛋白质（CP,%,干物质基础）	≥20
中性洗涤纤维（NDF,%,干物质基础）	≤40
酸性洗涤纤维（ADF,%,干物质基础）	≤30
粗灰分（ash,%,干物质基础）	≤12

宠物饲料苜蓿草粉的卫生指标应符合《饲料卫生标准》（GB 13078）的规定，净含量应符合《定量包装商品净含量计量检验规则》（JJF 1070）和《定量包装商品计量监督管理办法》的规定。

每批产品出厂前应由企业质检部门进行检验，合格后附合格证，方准出厂。出厂检验项目为水分、粗蛋白质、中性洗涤纤维、酸性洗涤纤维、粗灰分、总砷、铅、苜蓿粉净含量。同一茬次原料、同一工艺设备连续生产出的同一班次产品为一批次。按照《饲料　采样》（GB/T 14699.1）的规定执行。

每年至少检验 1 次。国家质量监督检验机构提出型式检验要求时，必须进行型式检验。型式检验样品从出厂合格产品中抽取。检验项目为本标准全部项目。如检测中有一项指标不符合标准规定，应重新加倍取样进行复检，复验结果中有一项不合格即判定为不合格。检测与仲裁判定各项指标不合格的允许误差按《饲料检测结果判定的允许误差》（GB/T 18823）的规定执行。

包装采用符合《饲料卫生标准》规定的乙烯塑料薄膜内衬的塑料编织袋或纸箱定量包装，包装规格可根据用户要求或订货协议确定。须用符合卫生要求的专用工具，不得与易污染、有毒、有害的物品混装、混运。储存场地清洁、干燥，具有遮阳、防雨、防潮、防鼠、防虫、防火、通风等设施，禁止与有毒、有害、有污染的物品混合存放。产品在储运条件和储存环境干燥的情况下，自生产之日起保质期为 12 个月。

第三节　成型饲料

为了提高牧草饲料转化率，改善适口性，节约牧草饲料，便于运输及产业化生产等，生产者越来越多地将牧草饲料制作成固型化饲料，即成型饲料。成型饲料是将干草粉、草段等原料或粉状饲料，利用压缩成型机械加工成颗粒状、块状（饼状或片状）、棒（棍）状和球状等固型化饲料，有的是供宠物食用，如颗粒状和块状饲料多为食用型，也有些是为了让宠物玩耍，如棒状和球状饲料，其利用目的根据实际情况而定，其中颗粒饲料利用最为广泛。

一、成型饲料的种类

按照牧草饲料成型加工的大小和形状，可将成型饲料分为颗粒状、块状（饼状或片状）、棒（棍）状和球状等固型化饲料等。草颗粒的主要原料是优质草粉，且生产工艺技术要求高，其利用率也最高。因此，成型饲料中草颗粒应用最为广泛，可作为多种宠物的日粮，其他类型的成型饲料则利用得较少（图 3-8）。

图 3-8　草颗粒

二、加工成型饲料的意义

　　成型饲料在生产上已得到广泛应用。研究表明，成型饲料可以提高饲料中营养物质的利用率，从而改善宠物的生长状况。随着苜蓿草产业的发展，苜蓿草颗粒作为主要的苜蓿成型牧草饲料已经得到推广与应用。

　　成型饲料要求的生产工艺条件较高，生产成本有所增加，但由于它具有很多优点，经济效益显著，所以得到了广泛的应用和发展。成型饲料与粉、散状饲料相比，具有很多优点：①保证了饲草的均匀性；②可提高牧草饲料的消化率和适口性；③便于采食，缩短进食时间；④可大大减少损耗和变质；⑤减少占用空间，便于运输和储存。

　　将草粉压制成成型饲料时添加抗氧化剂，可减少草粉营养物质的损失，延长储存时间，便于运输，提高饲料利用率。但成型饲料也存在一些缺点：一是牧草成型饲料的加工需要较多的投资及相应的加工机械，生产成本相对提高；二是在压制颗粒饲料时，如使用蒸汽，加上机械加压、摩擦发热，可使部分不耐热的氨基酸和维生素分解破坏。在饲喂草粉时，为了防止宠物吸入粉末产生异物性肺炎，需要用少量的水将草粉拌湿，增加了劳动强度；而使用成型饲料则不会产生此类问题。

三、成型饲料加工工艺

生产成型饲料要求产品的性状均匀、硬度适宜、表面光滑、碎粒与碎块不多于5%，产品安全储存的含水量低于14%等。

成型饲料的大小取决于两方面因素：一是喂养宠物的采食行为及年龄，如羊驼食用的草颗粒大小为6~8 mm，兔子的为5~6 mm等。二是生产成型饲料机械的生产效率，例如，一般采用模孔直径大和较薄的环模生产颗粒饲料效率高，能耗小，但颗粒直径较大。颗粒饲料按照制粒时原料的含水量可分为硬颗粒和软颗粒。硬颗粒在制粒过程中加水（或蒸汽），原料含水量一般为17%~18%，密度为1.3 g/cm³左右，成品冷却后即可包装储运；软颗粒原料含水量在30%以上，其密度为1.0 g/cm³左右，一般边加工边饲喂，经干燥后即可储运。

1. 原料处理　原料有粉料、粒料、秆料等。处理方式包括原料的输送、筛选、磁选、计量、干燥机储存。不同形态的原料采用的接收方式和设备不同。主原料接收包括机械式输送和气流输送两种形式。主原料的接收能力一般决定于主原料进厂的运输方式、工厂的生产规模与制度。主原料进厂有汽车、货车和轮船等运输方式，工厂接收能力要与之相适应。为了能长期储存，原料的含水量不能超过14%，而且每个储料仓要有料温记录和警报装置。为防止原料温度过高，发热霉变，还必须有倒仓装置，必要时进行倒仓，以减少损失。粉末状原料可采用房式仓库储存，或利用立筒仓储存。目前，国内使用较多的均为房式库堆放。对于罐装原料，可以原罐存放或直接运到生产车间待用。同时，为了保证安全储存和便于进行粉碎加工，原料必须经过清理，主要是利用筛选设备去掉大杂质，以及利用磁选设备去掉各种铁磁性金属。

2. 原料粉碎　原料粉碎是一个关键程序，它关系着成型饲料的质量、均匀性、产量、电耗和成本问题。

粉碎的原料，便于均匀混合，有利于宠物消化和吸收，可以提高饲料转化率。原料粉碎的粒度根据原料品种及饲喂宠物种类而定。

饲料粉碎的工艺流程根据饲料质量和品种的要求而定，一般分为3种。

（1）一次粉碎。即采用筛孔直径较小的粉碎机，原料粉碎后不经筛分就直接作为粉碎成品送入配料仓。其优点是可节省设备，操作简单。

（2）循环粉碎。即采用较大的筛孔，使原料经粉碎后，进入平筛筛分，将粒度较大的送回粉碎机再粉碎。大型牧草饲料加工厂采用此种方式较为经济，优点是产量高、耗电少。

（3）粉碎与配料互为先后。在牧草饲料生产过程中，有先粉碎后配料和先配料后粉碎两种方法。先粉碎后配料是将要使用的原料先分别粉碎，然后进行配料。其优点是节省动力，可提高粉碎机生产能力；缺点是需要的粉碎仓较多。先配料后粉碎是将各种原料按要求的比例调配好以后，一起进行粉碎。其优点是在粉碎过程中同时起到混合作用，并可节省粉碎仓；缺点是影响粉碎机的产量，并使有些物料粉碎过细而消耗过多的动力。目前，这两种方法在我国均有采用。

3. 配料计量 配料计量是成型饲料加工的关键环节。它是采用特定的计量装置，按照科学饲养配方的要求，对不同种类的牧草饲料进行准确称量的过程。完成配料计量的主要设备有重量式配料秤和容积式配料计量器。

重量式配料秤是按照物料的重量，进行分批或连续的配料计量装置。重量式配料秤的计量精度和自动化程度均较高，对不同的原料具有较好的适应性。但其结构复杂，造价高，对管理维护要求高。重量式配料秤主要适用于大型牧草饲料加工厂，它采用全自动化程序控制，只需输入需要的各成分重量和批数，配料程序即可自动地连续进行，直至完成预定的批数。

容积式配料计量器是按照物料容积比例进行连续和分批配料的配料计量装置。容积式配料计量器结构简单，操作、维修方便，有利于生产过程的连续。但它受物料特性（容重、颗粒大小、水分和流动性等）、料仓的结构形式和料仓充满程度的变化等诸因素的影响，计量准确度差，而且每改变一次配方，就要调试一次。容积式配料计量器适用于小型牧草饲料加工厂。

4. 混合 混合是按照一定要求把密度和浓度大小不一的物料配在一起并混合均匀。它是生产成型饲料过程中，将配合好的物料搅拌均匀的一道工序，通过这一工序，使所生产的成型饲料内的任意一部分均能符合牧草饲料配方所规定的成分比例。目前，牧草饲料加工厂的混合工序有两种形式：一种是连续混合，另一种是分批混合。连续混合是将各种饲料分别连续计量，然后同时送入连续混合机，不间断地进行混合。这种搅拌机也起着输送作用。分批混合是将一定数量的各种牧草饲料原料按配方比例计量，然后送入混合机混合，混合一次即生产出一批牧草饲料。目前，牧草饲料加工厂多数采用分批混合生产牧草饲料。其特点是混合均匀度好，便于控制和检查牧草饲料质量。

混合质量的稳定性取决于各牧草饲料成分的均匀度。牧草饲料混合后，一般要求保持较好的均匀度，直至饲喂。

5. 制粒 牧草饲料的调质是成型饲料压制的准备工作。调质能软化牧草饲料，减少压模和压辊的磨损，提高牧草饲料通过压模的速率，降低成型机械的工作压力。调质过程中，热和水的作用可使牧草饲料中的淀粉糊化，从而提高牧草饲料的消化利用率。经过调质后的牧草饲料不但流动性好，而且还能增加牧草饲料的黏结力，有利于饲料成型。

调质器是生产成型饲料最常用的调制设备。它以搅龙为主体，可控制颗粒机的流量，保证进料均匀。

在颗粒牧草饲料压制过程中，充足而均衡地供应蒸汽可以增加糖蜜和油脂的流动性，促使淀粉部分糊化、破裂，使粉料容易黏合，从而提高成型饲料颗粒的硬度。压粒的适宜温度为 $80 \sim 85 ℃$，这一温度对牧草饲料营养价值影响不大，因为牧草饲料通过压模孔的时间只有 7～8 s。

在颗粒牧草饲料中添加糖蜜，称为糖蜜化。它可以提高牧草饲料的营养价值及适口性，在颗粒牧草饲料压制中，糖蜜还起着黏结剂的作用。糖蜜可在制粒前与粉状饲料混合，也可以直接喷入调质器。

颗粒牧草饲料表面涂上脂肪，不仅能提高牧草饲料发热量、抗水性和适口性，而且比散装牧草饲料在运输过程中造成的损失要少得多。在牧草饲料中添加 1% 的脂肪，会使颗粒变软，提高产量，降低电耗。脂肪添加量应控制在 1%～2%。

6. 成品　成品是各种物料通过一系列加工，最终达到饲喂要求的成型产品。成品的包装有散装和袋装两种。我国牧草饲料加工厂目前多采用袋装形式，只有少数厂家用散装牧草饲料或牧草饲料罐车，装载能力为 4～5 t。

颗粒牧草饲料的成型加工工艺流程应遵守的原则：①应至少配备两个待制粒配合粉料仓，以便更换配方时制粒机不需停机；②物料进入制粒机前，必须安装高效除铁装置，以便保护制粒机；③制粒机最好安装在冷却器上方，这样从制粒机出来的易碎的热湿颗粒可以直接进入冷却器，避免颗粒破碎，省去输送装置；④破碎机放在冷却器之下，颗粒经提升机送到成品仓上面的分级筛，以便细粉和筛上物进仓；⑤为保证颗粒自落仓底时免遭破坏，可在仓内安装垂直的螺旋滑槽使其缓慢滑落；⑥不能把打包设备直接放在制粒机或分级筛之后，应将成品打包放在成品仓之后，以免因制粒机产量的变化而影响打包设备的正常工作。

7. 苜蓿草颗粒加工工艺　苜蓿草粗蛋白质含量高，含有适宜的中性洗涤纤维和酸性洗涤纤维，以及丰富的维生素、微量元素，被誉为"牧草之王"。在苜蓿草颗粒生产中，一般不添加其他原料。

苜蓿草粉压粒比常规配合饲料压粒困难得多，原因是苜蓿草粉的纤维素多、容重小、缺乏油质。另外，苜蓿草粉制粒时，应加入蒸汽或热水进行调质。用于生产草颗粒的原料苜蓿草粉含水量为

12%～14%，温度 50℃左右。刚挤出的苜蓿草颗粒温度可达75～90℃，含水量为 16%～18%，不便储运，需要进行冷却和干燥，冷却后其含水量可降低至 13%以下。当温度低于 24℃时即可进行包装。

由于苜蓿草粉纤维素含量高，草粉流动性差，压粒的生产率仅为配合饲料压粒的 1/3 左右，主要工作部件（压模、压辊、切刀等）的寿命只有制作常规配合饲料的压粒机的 1/4 左右。苜蓿草粉压粒的功耗也高。

苜蓿草粉容重小，易产生粉尘，草粉输送装置宜采用风送，输送器的直径相对谷实类饲料加工机械要大。草粉流动性差，在料仓中易结拱，要求料仓的设计合理或采用破拱装置。

苜蓿草粉的纤维含量高，草粉间摩擦系数大，在制粒过程中原料与压模孔间的阻力较大，因此颗粒机的压模孔径要适当。一般苜蓿草颗粒压制时的模孔直径为 6～8 mm。

压模与压辊的间隙大时，原料厚度增大，会减轻挤压区内对原料的压力，使压辊打滑，降低产量，甚至不出颗粒；间隙过小，会增加磨损。一般压制苜蓿草颗粒时，压模与压辊的间隙为 0.5 mm 左右。

本部分重点讲述草颗粒制作的工艺流程，其他类型的成型饲料的压制过程基本相似，只是使用的机械或模具有差异，部分注意事项略有不同，之后不再做过多阐述。

四、成型饲料加工机械与设备

1. 干草加工机械 苜蓿干草机械化收获过程包括割草、搂草、晾晒和捡拾等。由于苜蓿收割的时间短，季节性强，面积广，生产量大，一般又在雨季，所以必须实行机械化作业才能保质、保量地完成收草任务。割草机械有收割机、压扁机、翻晒机以及草捆运输车等。

2. 草粉加工机械 粉碎是利用机械的方法克服固体物料内部的凝聚力而将其分裂的一种工艺，即靠机械力将物料由大块碎成小块。粉碎饲草一般用锤片式粉碎机。

3. 成型加工机械

（1）粉碎机。粉碎是重要工序之一。粉碎工序直接影响牧草饲料的质量、产量、电耗和成本。因此，粉碎机在农牧业生产上与铡草机具有同样的普遍性和重要性。成型饲料牧草粉碎常用的主要有击碎、磨碎、压碎和锯切碎4种方法。常用的粉碎机有锤片式、爪式和对辊式。锤片式粉碎机利用高速旋转的锤片击碎牧草饲料；爪式粉碎机利用固定在转子上的齿爪将牧草饲料击碎；对辊式粉碎机是由一堆回转方向相反、转速不等的带有刀盘的齿辊进行粉碎。

影响粉碎机作业效率的因素有牧草种类、牧草含水量、主轴的转速、喂入量。

（2）压粒机。干草粉经压粒机压制成颗粒饲料。颗粒饲料具有营养完全、适口性好、宠物采食量大、采食速度快和饲料利用率高等优点。其整套设备包括压粒机、蒸汽锅炉、油脂和糖蜜添加装置、冷却装置、碎粒去除和筛粉装置等。草颗粒制粒机主要有两种类型。根据压模不同分为环模制粒机和平模制粒机。环模制粒机由螺旋送料器、搅拌室、制粒器和传动机构等组成，是应用最广的机型。

（3）压块（饼）设备。干草经过粉碎添加精饲料及其他矿物元素后压制成草块，可以提高牧草饲料的营养价值、采食量和消化率。干草也可以切碎后直接压制成草块。草块相对于干草而言密度增加，便于储存、运输和进入市场流通。根据工作原理和结构，可把压块机分为环模式、柱塞式、平模式及缠绕式等。其中，环模式压块机因其攫取物料性能较好，所以目前使用较多。还有按照整机是否可以自行移动分为固定式干草压块机和田间捡拾干草压块机。压饼机可分为柱塞式、冲头式和模辊式等。

五、成型饲料检测与利用

成型饲料加工后，在流通与取饲的过程中，都涉及储存与品质检测的环节，经检验分析合格后，再喂给宠物。但目前尚未针对草颗粒的品质检测制定统一的标准。除了常规营养物质测定外，其他指标的测定通常参照谷实类颗粒饲料的标准进行，包括颗粒表面性状、粉化率、硬度、含水量、容重、水中稳定性等。

1. 表面性状 检测颗粒表面是否光滑或粗糙有裂纹等，色泽是否均匀，有无发霉变质或异味等。

2. 粉化率 粉化率又称耐久性（耐久性＝100％－粉化率），是评价颗粒饲料品质的重要指标，国际上采用美国堪萨斯州立大学提出的回转箱法进行测定。我国自行研制出 SFY-4 型（四箱）和 JFHX2 型（两箱）颗粒饲料粉化率测定仪。

粉化率＝（样本重量－回收后筛上样本重量）/样本重量×100％

3. 硬度 颗粒的硬度不仅影响颗粒的耐久性，而且影响饲料的适口性。硬度的测定常采用片剂硬度计来进行。测定方法是在常温下取颗粒饲料 30～100 粒，分别测定直径方向上的压碎力，然后取其平均值和标准差作为样品的硬度指标。

4. 含水量 随机选取 100～200 g 的颗粒样本，选取 3 次，放入干燥器皿中，在 105℃恒温下烘干至恒重，冷却后称重，计算含水量。

5. 容重 可利用容重器直接测出颗粒饲料的容重。或者先测定样品的容积，再测量样本的重量，用样本重量除以相应的容积，即样品的容重。

6. 水中稳定性 鱼虾用的颗粒饲料，应具有悬浮性的特点。因此，要求在水中有一定的稳定性。测定颗粒饲料水中稳定性常采用浸泡时间法和失重率法。

（1）浸泡时间法。称取 50 g 完整颗粒，投入盛有 25℃清水或盐度为 2.0 的食盐水中，在其中间放置 8 目的网筛，记录从投入水中至颗粒溃散从网筛开始漏下的时间。

（2）失重率法。在样品中称取两份 20 粒完整颗粒，一份置于 105℃烘干 2～3 h，冷却称重，计算含水量。另一份放入 25℃清水或盐度为 2.0 的食盐水中。30 min 后，用镊子将颗粒夹出晒干，于 105℃烘干 4 h，冷却称重。

$$失重率＝\frac{1-W_1}{W_0\times(1-a)}\times100\%$$

式中，W_0 为浸泡前颗粒重量（g）；W_1 为浸泡后颗粒重量（g）；a 为样品含水量（%）。

六、成型饲料贮藏

安全贮藏成型饲料是保证宠物食用安全饲料产品的前提，需要注意贮藏时成型饲料的含水量是否适宜、贮藏方法是否适当、贮藏期间的管理是否到位。

1. 安全贮藏的水分 成型饲料的含水量是其能否安全储存的关键因素。一般来说，成型饲料的安全贮藏含水量为 11%～15%。南方地区因其气候比较湿润，所以对成型饲料安全贮藏含水量的要求也较高，应控制在 11%～12%；北方地区相对于南方气候较为干燥，一般成型饲料的含水量控制在13%～15%就可以达到安全贮藏的目的。

2. 安全贮藏的方法 添加防腐剂是保证成型饲料安全贮藏的重要措施。常用的防腐剂主要包括丙酸、丙酸钙、丙酸钠、甲醛、焦亚硫酸钠和山道喹等。防腐剂应在成型饲料加工过程中添加，其中防腐效果最好的是丙酸钙，而且较为安全。丙酸钙能抑制菌体细胞内酶的活性，通过使菌体蛋白变性而达到防霉防腐的目的。试验表明，将浓度为 1% 左右的丙酸钙添加到含水量为 19.92%～21.36% 的兔的颗粒牧草饲料中，在平均温度 25.73～31.84℃、平均相对湿度为 68%～72% 的条件下，贮藏90 d，没有发霉现象，而且开口与封口保存，差异不明显。试验表明，在利用新鲜豆科牧草加工颗粒饲料时，加入 1.0%～1.2%（占干物质）的氧化钙，此时原料的 pH 为 7.23～7.46；然后将颗粒饲料干燥（晾干或晒干）到含水量为 15%～21.5%时，在平均温度为 22.6℃，平均相对湿度为34%～54% 的条件下，贮藏 30 d，结果无论在晒干、阴干及在贮藏过程中均无发霉现象，而添加氧化钙的颗粒牧草饲料在阴干过程中 72 h 即开始出现霉点。

3. 贮藏期间的管理　成型饲料在贮藏期间要加强管理，以防吸湿结块、侵染微生物及害虫、发热变质影响产品质量，造成不必要的经济损失。

（1）保持通风、注意防潮。贮藏成型饲料的仓库内应保持干燥、凉爽、避光、通风，注意防潮，以避免仓内温度、湿度过高而造成结块、发热变质。因此，最好在干燥、低温、低湿的条件下进行贮藏。

（2）注意防除鼠虫害。防除贮藏库内的鼠虫害是确保饲料安全贮藏极为重要的管理措施之一。在饲料贮藏期间，要采用检疫防治、清洁卫生防治、物理机械防治及化学药物防治等措施，消灭存在的鼠虫害隐患，减少由于鼠虫害造成的损失。其中，常用的化学药剂有磷化氢、氯化锌等。此外，使用中药山苍子（或山苍子油）和花椒等防治害虫和防止牧草饲料霉变，具有来源广、成本低、无污染、使用安全和效果好等优点。

（3）加强安全防火措施。成型饲料含水量低，在贮藏库内应严禁烟火并设立消火栓。同时，应定期检查仓库内有无火灾隐患，把由于火灾造成损失的可能性减少到最低限度。

第四章 草食宠物及饲养管理

第一节 宠 物 兔

宠物兔是一种讨人喜欢的小动物，且容易被儿童、老人和残疾人饲养。近年来，英国宠物兔数量稳步上升，约有 70 万户家庭饲喂 100 万～140 万只，成为继犬猫外的第三大普及的宠物。美国饲养的宠物兔数量同样逐年上升，2002 年约有 220 万户家庭饲养 500 万只宠物兔，2007 年约有 200 万户家庭饲养 617 万只宠物兔。宠物兔品种繁多，达 50 多个，成年兔体重介于 1.0～10 kg。目前，国内宠物店销售的宠物兔大部分是荷兰侏儒兔、迷你垂耳兔、安哥拉兔、狮子兔等小型品种兔（图 4-1）。

图 4-1 宠物兔

一、主要品种

1. 荷兰兔 荷兰兔是中型兔中较娇小的宠物兔品种，标准体重为 1.5～2.5 kg。荷兰兔起源于荷兰，是古老的品种之一，早在 15 世纪时便被发现，而大约在 1864 年时，英国也开始有荷兰兔的培育。荷兰兔的颜色以黑色、蓝色、灰啡色、巧克力色、铁灰色为主。荷兰兔毛色分布十分独特，脸部有呈倒转 V 形的白毛，一直伸延到身体的前半部，而身体的前半部与后半部的颜色分界很清楚，脚部是白色的，后脚与后半身的分界同样十分清楚。它们都是身圆、竖耳，毛较短、平滑且有光泽，性情温驯。

2. 荷兰侏儒兔 荷兰侏儒兔起源于 19 世纪的荷兰 Polish rabbit，是兔子品种中最为细小的一种。荷兰侏儒兔的外形特征是头大身体小，头形浑圆饱满像颗苹果，耳朵的比例也比一般兔子明显短小许多，长度 5cm 左右，没有肉垂、头又圆又阔、眼睛大而明亮、鼻扁、短毛、矮胖，体重一般小于 1.2kg，颜色多为黑色、蓝色、朱古力色、浅紫色、白色等纯色。荷兰侏儒兔，经过英国、美国的繁殖培育，演化成现在的模样。早期的侏儒兔性情暴躁，略具侵略性，皆因在繁育过程中选用了野生兔所致，第一只侏儒兔就好比一只野兔之于家兔，并不适宜作宠物。但是经过长期选育，现在的侏儒兔性情温和友善，不过仍比一般大型的兔子精力旺盛、活泼好动。

3. 迷你垂耳兔 迷你垂耳兔，分为英国迷你垂耳兔和美国迷你垂耳兔两种，这两种迷你垂耳兔不管从外表还是体重都相差甚远。迷你垂耳兔原产于欧美地区，文静温和，小巧可爱，现多分布于英国、美国。迷你垂耳兔与荷兰垂耳兔相似，但迷你垂耳兔的体格较粗壮、后腿较重、头较大（图 4-2）。

（1）英国迷你垂耳兔。英国迷你垂耳兔，又名小型迷你垂耳兔、迷你球垂耳兔，是一种只有在英国和西欧国家才有的一种"袖珍型"垂耳兔品种。英国迷你垂耳兔经常与美国迷你垂耳兔/

图 4-2　长毛垂耳兔

宾尼垂耳兔品种混淆，因为英文中的 Miniature 可以简读为 Mini，导致大部分人都以为它们是同类品种。英国迷你垂耳兔的大小与荷兰垂耳兔差不多，这个品种其实是荷兰垂耳兔的后裔，但是因为几十年的选择性繁殖，才有了今天更小的英国迷你垂耳兔品种。所以严格地说，英国迷你垂耳兔比荷兰垂耳兔还要小。而美国迷你垂耳兔/宾尼垂耳兔（Mini Lop），在英国不称美国迷你垂耳兔/宾尼垂耳兔（Mini Lop），而称侏儒垂耳兔（Dwarf Lop），所以英国没有真正的所谓的"Mini Lop"，在英国大家都把英国迷你垂耳兔（Miniature Lop）简称为迷你垂耳兔（Mini Lop）。

　　英国兔子协会（British Rabbit Council，BRC）描述的英国迷你垂耳兔外形特征与荷兰垂耳兔相似，但英国迷你垂耳兔的体格总体较小。耳朵下垂、长度不超过 12 cm，体长为 20 cm 左右，英国迷你垂耳兔的头和身体的比例是 1∶2，一般情况上是看不到脖子的。英国迷你垂耳兔的头很圆，像个球。大部分英国迷你垂耳兔从正面看都有两个饱满的包子形脸蛋，而从侧面看鼻子到嘴巴的部分比较长（1～2 cm），并且是完全垂直的，扁平甚至凹陷。英国迷你垂耳兔两眼之间的距离大概占头部直径的 3/5，双眼非常大而明亮。英国迷你垂耳兔全身的毛发长约 2 cm，毛质稍粗，但却非常茂密。英国迷你垂耳兔的标准体重应为 1.2～1.6 kg。

标准颜色为黑色、棕色、灰蓝色、蝴蝶纹、白色、豚鼠色、鹿毛色等。

（2）美国迷你垂耳兔。美国迷你垂耳兔又称为宾尼垂耳兔、小型垂耳兔或侏儒垂耳兔，是由法国垂耳兔和标准毛丝鼠/龙猫杂交选育而成的，虽然称为美国迷你垂耳兔，但体型却比荷兰垂耳兔和美国费斯垂耳兔还要大。美国迷你垂耳兔 是美国第三小的垂耳兔品种，属于中型兔品种。

美国家兔繁殖者协会（American Rabbit Breeders Association, ARBA）描述的美国迷你垂耳兔形态特征：耳朵下垂，体长为40 cm左右，头和身体的比例是 1∶3，脖子一般情况下是看不到的。从侧面看，额头稍往外凸出，一般形成 75°斜坡形。鼻头以及嘴巴凸出面部。美国迷你垂耳兔全身毛发长 2~3 cm，毛质稍粗，但却非常茂密。美国迷你垂耳兔的标准体重应该为 2.0~3.5 kg，属于中型宠物兔。标准颜色为黑色、棕色、灰蓝色、蝴蝶纹、白色、豚鼠色、鹿毛色等。1980 年以后，美国迷你垂耳兔（Mini lop）被引进欧洲。但当时，英国迷你垂耳兔（Miniature lop），被英国兔子协会认证为最小型体型垂耳兔。所以，美国迷你垂耳兔（Mini lop）在欧洲被改名为侏儒垂耳兔（Dwarf lop）。

4. 美国长毛垂耳兔 美国长毛垂耳兔，俗称美种费斯垂耳兔，成年体重为 1.5~1.8 kg，属于小型兔品种。美国长毛垂耳兔属新培育的品种，在 1985 年才被 ABRA 确认，由带有 Angora 的遗传因子的荷兰垂耳兔配种而成，为杂种长毛垂耳兔。美国长毛垂耳兔外形特征与短毛垂耳兔差不多，只是毛比较长。体型较娇小、眼珠黑色、头圆、颈短、面扁平、耳长并下垂，成年兔的被毛会变得浓密，一般长 3.8~5.0 cm，柔软度比幼兔差。目前，有黑色、蓝色、白毛蓝眼、白毛红眼、朱古力色、浅紫色、乳白色等 19 种认可的颜色。

5. 泽西长毛兔 泽西长毛兔由法国安哥拉兔与侏儒兔杂交选育而来，于 1981 年形成的品种，在 1988 被 ARBA 所承认。而其名字以培育此品种的养殖者的出生地新泽西州来命名。泽西长毛兔体型较娇小，属于小型宠物兔，标准体重为小于 1.5 kg，耳长不超过 3 cm，毛不短于 1.5 cm。泽西长毛兔身体短小且圆润、头大且圆，头部周围长了一些长毛。身体的毛发密集，理想长度为 5～7.5 cm。耳朵的理想长度为 6 cm 左右，眼睛为圆形。

6. 狮子兔　狮子兔又名狮子头兔，成年体重为 1.5 kg，是小型宠物兔。狮子兔原产于荷兰、美国、比利时等地，是非常具有观赏价值的宠物兔。成年兔最大可以长到 33.33 cm，颜色也非常多。狮子兔的形态特征是毛发非常浓密、蓬松。它们与宾尼兔很相似，都是面圆身圆，鼻扁，但前脚较长，在颈的四周都长有毛发（呈 V 形围住颈部），因此使它们长得像狮子，而耳朵则是竖起的，呈三角形，没有毛发且长不超过 33.33 cm。扁鼻，前脚长，颈项、脸颊、头顶皆有长毛，有纯白色、野鼠色、棕色、白底黑斑等颜色。狮子兔与安哥拉兔很相似，但是前者耳朵比较宽，呈三角形。此外，颈部毛发较长，像雄狮的鬃毛，因此称为狮子兔。

7. 海棠兔　海棠兔俗称荷达特兔、熊猫兔，原产于法国，其中大型海棠兔体重为 8～11 kg；小型海棠兔又称侏儒海棠兔，体重为 1.0～1.4 kg。海棠兔体躯被毛白色，鼻、嘴、眼圈及耳毛黑色，从颈部沿背脊至尾根有一锯齿状黑色带，躯体两侧有若干对称、大小不等的蝶状黑斑，甚为美观，故有"熊猫兔"之美誉！

8. 安哥拉兔　安哥拉兔是世界著名的毛用型兔品种，是重要的长毛兔品种。根据国际 ARBA 组织数据记载，安哥拉兔起源于土耳其的首都安卡拉；另一种说法是起源于英国，由法国人培育而成，因其毛细长，有点像安哥拉山羊而取名为安哥拉兔。因法国王室在 18 世纪中期将其作为宠物，所以于该世纪末在欧洲流行。20 世纪初，安哥拉兔第 1 次出现在美国，中国于 1926 年引进。安哥拉兔大致可分为 5 种，即英系安哥拉兔（English Angora）、法系安哥拉兔（French Angora）、德系安哥拉兔（German Angora）、缎毛安哥拉兔（Satin Angora）和巨型或大型安哥拉兔（Giant Angora）。

5种安哥拉兔形态之间有些细微差别，但它们共同的特点却很明显：除了面部的一小部分外，几乎全身都长满浓密得像丝绸一样的毛，耳朵呈 V 形，在顶端带有像流苏的毛，眼睛圆而大。身形圆滚滚，性格温驯，可爱。毛色多样，如白色、黑色、灰色、金黄色、蓝色、朱古力色、深褐色、浅紫色等。安哥拉兔绒毛会长得很长，使得这个毛团般的小动物看起来体积非常大，有时甚至遮盖了身体，成为名副其实的"毛球"。

二、生活习性

1. 小型草食单胃动物，具有食粪性　宠物兔是小型草食单胃动物，门齿永不脱换、终生生长，依靠发达的盲肠微生物将粗纤维分解为挥发性脂肪酸供能。宠物兔采食 2～3 h 后能够产出一种软的、覆盖有黏膜的颗粒粪便，这种粪便不经过咀嚼直接被自己吞咽。软粪颗粒富含微生物蛋白，氨基酸含量占家兔总氨基酸需要量的 15%～25%，消化能占宠物兔能量需要量的 9%～15%。此外，软粪颗粒还可以为宠物兔提供 B 族维生素和维生素 K 等。

2. 宠物兔昼伏夜出、胆小易惊　宠物兔通常白天没有精神，闭目养神，采食量很少；夜间精力旺盛，采食、饮水增加，占全天的 70% 以上。因此，晚上要准备充足的饲料和饮水。宠物兔胆小易惊，能借助敏锐的听觉做出判断，突然的声响、生人或陌生的动物，如宠物猫、犬等都会使其惊恐不安。宠物兔对于嘈杂的声响很敏感，严重时可造成孕兔流产，正在分娩的母兔停止分娩、发生难产或将仔兔咬死或吃掉。因此，在宠物兔饲养管理过程中动作要轻稳。

3. 宠物兔耐冷怕热、喜欢干燥　宠物兔全身有浓密被毛，汗腺不发达，因而有较强的抗寒能力，但耐热能力较差。其最适温度是 15～25℃，在此条件下生产性能最高。当温度超过 30℃，兔子的生产性能和繁殖能力均下降，若管理不当会发生中暑现象。家兔喜爱清洁干燥的生活环境。潮湿污秽的环境，易造成家兔传染病和寄生虫病的蔓延。所以，饲主应当保证其居住环境清洁、通风良好。

三、饲养管理

1. 居住环境　宠物兔应关在笼中或院子安静地方的围栏里饲养。如果用兔笼养宠物兔一定要给其买一个专用兔笼。如果使用犬笼，则一定要买脚垫，以防止犬笼上的铁丝扎伤宠物兔，导致其患脚皮炎。另外，一定要买足够空间的兔笼，活动区域要大，以便家兔可以充分伸展和活动，有利于宠物兔生理和心理健康。另外，也要对宠物兔进行训练，让其固定排便排尿。要给宠物兔准备兔专用饮水壶，因为宠物兔不会像犬一样低头舔水。如果宠物兔笼置于附属建筑内，要保证足够的通风和阳光，避免穿堂风。成年宠物兔适合的温度是 $10\sim25℃$，幼兔适合的温度是 $20\sim30℃$。"房兔"（House rabbit）起源于 20 世纪 80 年代在美国创建的室内松散饲养，训练有素的房兔是一种聪明的伴侣动物。由于兔的群居性，房兔的行为较笼中饲养的宠物兔更接近其本性。此外，这种散养饲喂方式有助于宠物兔运动，已经在家庭休闲农场广泛流行。

2. 饲养指南　宠物兔应当在足够安静的地方采食，要定时饲喂并考虑个体生活习性和例行饲养程序的改变。保证饲料颗粒硬度合适，避免粉料产生。确保全价饲料营养价值平衡，混合饲料较单一成分的饲料适口性更好。为了方便饲喂，现代生产过程中通过将配合全价饲料进行制粒就可以保持良好的适口性，只需要额外补充清洁饮水。自己制作的饲粮，通常会因为食物种类的变化而导致营养不均衡。谷物或麸皮易产生粉尘，可以用温水调和成松散状。另外，所有青绿饲料都要保证无霉变、无杂质和无霜冻。优质干草是自配料的基础，它不仅为宠物兔提供必需的营养物质，而且还可维持宠物兔的啮齿生理。宠物兔昼伏夜出，晚上会采食大量食物，因此晚上睡觉前一定要给其备好充足的饲草（图 4-3）。

图 4-3 围栏饲养

第二节 宠物松鼠

松鼠，隶属啮齿目松鼠科，泛指一大类尾巴上披有蓬松长毛的啮齿类动物，现存约有 58 属 285 种，分布遍及南极以外的各大洲。从海拔 6 000 余 m 的雪山到太平洋中的热带岛屿，从西半球到东半球，除了接近极地或者最干旱的沙漠中气候极端恶劣、植被极其简单乃至没有的区域，松鼠科的物种活跃在各种陆地生境下，有的还在生态系统中扮演着极其重要的角色。宠物松鼠近几年逐渐兴起、很多人都被松鼠可爱的外表吸引（图 4-4）。

图 4-4 松鼠

一、主要品种

目前，国内宠物松鼠常见的品种有赤腹松鼠、金花松鼠、欧亚红松鼠、雪地松鼠、日本松鼠、山松鼠等。

1. 赤腹松鼠　赤腹松鼠（*Callosciurus erythraeus*）又称红腹松鼠，为啮齿类动物。栖息于热带和亚热带森林，也见于次生林、砍伐迹地，以及丘陵台地、椰林、灌木林、竹林、乔木和竹林混交林、马尾松林、灌木丛等植被环境，是树栖动物。主要分布在亚洲地区，包括中国、缅甸、不丹、泰国、柬埔寨、老挝、越南和马来西亚等国。赤腹松鼠是一种中等大小的树栖松鼠，多喜晨、昏活动，以摄食各种坚果，如松果、栗及浆果为主，也食各种树叶、嫩枝、花芽及鸟蛋、雏鸟和昆虫等。

赤腹松鼠身体细长，体长 17.8～22.3 cm。尾较长，若连尾端毛在内几乎等于体长。吻较短，前足裸露，掌垫 2 枚，指垫 4 枚；后足跖部裸出，踱垫 2 枚，趾垫 5 枚。乳头 2 对，位于腹部。体背自吻部至身体后部为橄榄黄灰色，体侧、四肢外侧及足背与背部同色，腹面灰白色。尾毛背腹面几乎同色，与体背基本相同。尾后端可见有黑黄相间环纹 4～5 个，尾端有长 20 mm 左右的黑色区域。耳壳内侧淡黄灰色，外侧灰色，耳缘有黑色长毛，但不形成毛簇。鼻骨粗短，其长小于眶间宽。脑颅圆而凸，仅眶间部略低凹。眶后突发达。颧骨平直，不向外凸，侧面观中间向上有一突起，听泡大小适中，较突出。上门齿扁而窄，无明显切迹。第 1 上前臼齿形小，呈圆柱形。第 2 上前臼齿与臼齿形状大小相似，咀嚼面上无明显中柱。

黄山松鼠是赤腹松鼠的一种，主要栖居在树林中，耳端无簇毛，体色鲜艳，尾大。眼睛闪闪有光，身体矫健，四肢轻快，敏捷机警。

2. 金花松鼠　金花松鼠，又称五道眉花鼠、花黎棒、斑纹松鼠、花栗鼠，广泛分布在我国华北、西北、东北等地。金花松鼠的祖先可以追溯到数百万年以前。只要有大量种子，有适于掘洞以保护它们不受众多捕食者伤害的土壤，它们几乎可以在任何地方生活。金花松鼠尾巴长度接近于体长。栖息于平原丘陵、阔叶林、针叶林及多灌木丛的地区、山区农田等处。常在倒木、树根下或石洞中居住，白天外出活动。杂食性，以各类生坚果、浆果、豆类、鸟蛋、昆虫等为食。金花松鼠在大自然中有春天发情、秋天储存食物和冬眠的现象，耐热性较差，行动敏捷。

3. 欧亚红松鼠 欧亚红松鼠（*Sciurus vulgaris*）广泛分布于欧洲中部到西亚等整个寒温带森林地区。喜栖于寒温带或亚寒带的针叶林或阔叶混交林中，多在山坡、河谷两岸林中觅食。白天活动，清晨最为活跃，善于在树上攀爬和跳跃，行动敏捷。平时多1～2只活动，但在食物极端匮乏时有结群迁移现象。在树上筑巢或利用树洞栖居，以坚硬的种子或针叶树的嫩叶、芽为食，也吃蘑菇、浆果等，有时吃昆虫的幼虫、蚂蚁卵等。有储备食物越冬的习性。每年春、秋季换毛。年产仔2～3次，一般在4月、6月产仔较多，每次产仔3～4只。

欧亚红松鼠体长20～22 cm，尾长18 cm，体重为280～350 g，雄性与雌性体重大致相同，并不存在两性异形的情况。颅骨脑顶部凸圆，鼻骨至额骨中部几乎平直；眶后突发达细长并向下弯。鼻骨后端略被前颌骨后端超出，或几乎在同一水平线上。门齿孔短小，远离上前臼齿前缘。腭骨后缘中间尖突；左右颊齿列外侧均呈弧形。乳头4对。欧亚红松鼠长长的尾巴能够帮助它们保持平衡，特别是在树与树之间跳跃及在枝干上快跑的时候。睡觉时卷覆身体可起到保温作用。随季节及分布地点不同，它们身上的皮毛也会呈现不同颜色，毛色比任何其他哺乳动物都更丰富，这些松鼠的头上及背上的颜色从淡红色、棕色、红色到黑色都有。在英国，有些个体甚至完全黑化红色的皮毛就最常见，而在欧亚其他地区，不同颜色皮毛的品种则同时存在。所有的欧亚红松鼠胸腹部的皮毛则是白色或奶油色。

魔王松鼠属于欧亚红松鼠，民间又称灰狗子。魔王松鼠聪明好动，喜欢干净，饲养时应尽量选用宽大而高的笼子，以便于它们尽情玩耍。

4. 雪地松鼠　雪地松鼠是最贵的宠物松鼠。成年雪地松鼠长25 cm左右，尾长，可以贴背到颈部，有些可以达头部，天明而起，天黑而息。

雪地松鼠形态特征是尾毛密长而且蓬松，四肢及前后足均较长，但前肢比后肢短。耳壳发达，前折时可达眼部。冬季，耳端具一撮黑色长毛束。全身背部自吻端到尾基，体侧和四肢外侧均为褐灰色，毛基灰黑色，毛尖褐色或灰色。腹部自下颌后方到尾基，四肢内侧均为白色。尾的背面和腹面呈棕黑色，毛基灰色，毛尖褐黑色。吻部、两颊及下颌如背色，但偏青灰，耳壳黑灰色，冬毛具有大束黑色毛簇。个体毛色差异较大，为青灰色、灰色、褐灰色、深灰色和黑褐色等。地区不同，毛色也有变化，如辽宁松鼠的颜色偏灰，而我国南方的松鼠颜色则较黑。此外，毛色还受季节影响，冬毛灰色或灰褐色，夏毛黑色或黑褐色。主要分布于欧亚大陆。

5. 日本松鼠　日本松鼠为日本特有种，分布于本州、四国和九州，喜栖于寒温带或亚寒带的针叶林或阔叶混交林中，一般以草食性为主，食物主要是种子、果仁。日本松鼠体型小，臼齿（包括前臼齿）在颌的两侧各为5/4，上臼齿5枚，前后肢间无皮翼，长着毛茸茸的长尾巴。多在山坡、河谷两岸林中觅食。白天活动，清晨最为活跃，善于在树上攀爬和跳跃，行动敏捷。平时多1～2只活动，但在食物极端匮乏时有结群迁移现象。在树上筑巢或利用树洞栖居，有储备食物越冬的习性。每年春、秋季换毛。多在春、夏季发情，发情期为2周左右。年产2～3胎次，一般在4月、6月产仔较多。

6. 山松鼠　山松鼠，属于啮齿目山松鼠属，是一种体型较小的松鼠。山松鼠平均体长15 cm，尾长13 cm，背部橄榄褐色，腹部橙红色。山松鼠生活在哥斯达黎加和巴拿马，栖息于人迹罕至的山区雨林中，主要活动在树梢，但有时在森林地面上觅食。

二、生活习性

松鼠主要分布在由松属（*Pinus*）、落叶松属（*Larix*）和云杉属（*Picea*）树种构成的针叶林或针阔混交林中。由于食物来源相对丰富和稳定，松鼠在针阔混交林中可以维持较高的种群密度，并可以利用城郊甚至城市中的小片林地，成为人类伴侣动物。

1. 行为节律　在寒冷的北方，有些松鼠会像田鼠、熊一样躲进窝里冬眠；而在比较暖和的南方，松鼠一般不会冬眠，而是储存食物过冬，人们仍然能在冬天看到松鼠在野外活动。松鼠每天开始活动的时间与日出时间有关，而结束活动的时间与日落时间无明显关联。松鼠的日活动节律受气候条件影响，大风、暴雨和严寒酷暑都会使松鼠活动时间减少。觅食需要和留在巢中保存能量的权衡影响着松鼠冬季的活动格局。冬季日活动节律呈单峰形，在严寒天气条件下也会留在巢中几天不活动。夏季则在上午和下午各出现一个活动高峰。春季和秋季的日活动节律介于冬夏之间。

2. 取食行为　松鼠 70%～80% 的时间都用于觅食活动，倾向于在针叶林中觅食和储食。秋季松鼠将坚果分散储存于地面，将真菌储存于树枝上。秋季储食有利于松鼠越冬和翌年的生育。松鼠储食微生境选择及储食重取机制得到了研究者的青睐，成为当前国内松鼠生态学研究的热点。

3. 社群行为　松鼠大部分时间独居。社群结构建立在同性间和两性间的优势序列基础上，优势个体体型通常较其他个体大。等级优势通常仅在生殖季节才得以体现。松鼠会用尿液和下颌腺的分泌物在树干和树枝上涂抹，以标记家域。松鼠家域的大小与生境质量、季节、性活动及食物丰度相关，不同分布区家域大小差别很大，但通常雄性家域大于雌性家域，优势个体家域大于次级个体家域。在食物丰富的地区，家域会出现小范围重叠。

4. 筑巢行为　松鼠营巢居生活，每个个体通常同时占有 2～3 个巢。由于杉树枝叶相对松树更为浓密，在人工林中，松鼠通常选择在杉树上营巢。巢大部分营建在距地面 8～16 m 的树枝上，靠近树干或者位于树枝分杈处，分为日间使用的休息巢和夜间使用的睡眠巢两种类型。巢通常呈球形，直径约 30 cm，外层由细枝、松针和树叶筑成，内径 12～16 cm，覆以苔藓、树叶、松针、干草和枝皮等柔软的材料。冬季松鼠巢内形成一个微气候环境，温度可高出巢外 20～30℃，从而减少了机体体温调节所消耗的能量，减少了暴露在巢外低温、大风中的时间，这是生活于北温带地区的松鼠冬季生存策略之一。在寒冷的冬季，也会出现几只松鼠分享同一个巢以维持体温的现象。

5. 繁殖行为　松鼠的生殖状态与食物获取状况密切相关。每年可以有 2 次生育，分别在 2—3 月和 7—8 月交配，妊娠期为 38～39 d。但如果食物获取不足，则春季交配会推迟或消失。婚配制度是一雄多雌制或混交制。交配前有求偶行为，通常优势雄鼠会拥有更多的交配机会。初生雌鼠通常翌年开始生育，其生殖能力与体重密切相关，只有超过一定体重阈的雌性松鼠才具备生育能力，而且体重越大能够生育的后代越多。幼仔由雌鼠单独哺育，哺乳期超过 10 周。

6. 迁徙与扩散　松鼠没有明显的迁徙行为，但有短距离的扩散行为，包括由越冬地向外的扩散和由出生地向外的扩散。本地竞争决定了种群松鼠的扩散距离。研究表明，不同性别在扩散季节上存在差异，大部分雄性个体在春季扩散，而雌性通常在秋季扩散。雌性个体的扩散受食物的影响，雄性的扩散则取决于雌性的分布。

三、饲养管理

松鼠被人类饲养的寿命最高纪录是 20 岁。现有松鼠品种的寿命一般为 4～10 年，但某些特殊情况下可能不到 4 年。在大自然中，大多数松鼠因缺乏食物或者被掠食者吃掉而活不过 1 年。一般来说，魔王松鼠、金花松鼠的寿命为 3～6 年，欧亚红松鼠的寿命一般为 3 年，某些个别松鼠的寿命可长达 7 年以上，但最多不会超过 10 年。

1. 居住环境　松鼠非常活泼，特别喜欢爬树。因此，饲养笼应尽量选用宽广而高的笼子。由于松鼠习惯在树上筑巢，所以应将巢箱安装在笼子的高处。松鼠的动作非常敏捷，开关门时要注意，避免其从缝隙中逃走。万一逃出，若突然用力抓住，要避免被松鼠咬伤。

日常管理过程中及时清除粪便，保持笼舍清洁卫生。为了清洁皮毛及有利于松鼠健康，每天早晨喂食前进行清扫。饲养用具要定期消毒，每周至少要进行 1 次沙浴，沙浴箱以可容沙 4 L 为宜。沙浴箱中放入细沙，每次沙浴 20～30 min，可增强松鼠的健康。笼中还可以放入一些细木棍，让松鼠磨牙。

注意保温和防暑降温。6 月初之前还不到 2 月龄的小松鼠，晚上需要注意保暖，尤其在北方，温度太低容易感冒，晚上要给它们多加一点垫料，早上更换垫料，白天注意空气流通。6 月底以后的小松鼠，白天需要注意防暑降温，气温太高引起的中暑对松鼠来说也是致命的。可以保持室内空气流通，白天在笼子里放几个装有凉水的瓶子或一块瓷砖等，其感觉太热就会自己趴在上面降温，这些都可以预防高温中暑。

2. 饲养指南

（1）食物选择。松鼠都以壳斗科植物的种子为食，但在大自然中也会食用相当多的昆虫，因此最好也喂食些动物性食物。松鼠喜爱胡桃、栗子等坚果，咬开坚硬的外壳，对松鼠而言不但是游戏，而且还可以帮助其磨耗牙齿。最好经常喂食这类食物。如果以人工饲料为主食，还应另外补充苹果等食物。

（2）饮食禁忌。松鼠不宜食用肉蛋类食物，对肠胃消化系统影响很大；不宜生吃胡萝卜、马铃薯、豆角类、葱姜蒜、辣椒等蔬菜；不宜多吃白菜、油菜、生菜、莴笋、藕、黄瓜、番茄、茄子、香蕉、橘子、西瓜、梨等果蔬；不宜吃腌制的干果、果脯和未成熟或加工后的不易消化的坚果类；不宜食用有巧克力及有咖啡因的食物，这两种食物可以使松鼠过于兴奋，无论对松鼠身体还是情绪都不好，严重的会导致心率过快或心衰而亡。

（3）饲喂数量。每天每只松鼠的混合饲料投喂量为 30 g 左右、粗饲料 200～250 g、青绿多汁饲料 150～200 g，每天分早、中、晚

3次投喂，每天投喂时间固定。

第三节 宠 物 鼠

宠物鼠一般指的是仓鼠、豚鼠（荷兰猪）、栗鼠（图4-5）、花枝鼠（大鼠的一种）等，指人类为了观赏或趣味而饲养的鼠类，包括许多不同的物种，部分宠物鼠品种因为与人亲近，已成为近年流行的宠物。在实际生活中，以宠物鼠仓鼠为主。

图4-5 栗鼠

一、主要品种

1. 仓鼠 仓鼠是仓鼠亚科动物的总称，共7属18种，主要分布于亚洲，少数分布于欧洲，中国有3属8种。其中，罗伯罗夫斯基仓鼠（*Phodopus roborovskii*），俗称"老公公鼠"；倭仓鼠（*Phodopus sungorus campbell*）俗称"一线鼠；加卡利亚仓鼠（*Phodopus sungorus*）俗称"三线鼠"；金丝熊（*Mesocricetus auratus*）俗称"黄金鼠"。除分布在中亚的小仓鼠外，其他种类的仓鼠两颊皆有颊囊，从臼齿侧延伸到肩部。可以用来临时储存或搬运食物回洞储存，故名仓鼠，又称腮鼠、搬仓鼠。仓鼠中黄金仓鼠、加卡利亚仓鼠、坎贝尔仓鼠、罗伯罗夫仓鼠等品种因为与人亲近，已成为近年流行的宠物（图4-6）。

图4-6 仓鼠

仓鼠有1对不断生长的门牙，3对臼齿，齿型为：1003，成交错排列的三棱体。臼齿具齿根，或不具齿根而终生能生长。仓鼠的主要食物为植物种子，喜食坚果，也食植物嫩茎或叶，偶尔也吃小虫。该科各种类动物基本都属于中小型鼠类。体长5～28 cm，体重30～1 000 g。体型短粗，尾短，一般不超过身长的一半，部分品种不超过后腿长度的一半，甚至基本看不到。

2. 豚鼠 豚鼠（*Cavia porcellus*），又名天竺鼠、荷兰猪，是无尾啮齿动物，身体紧凑，四肢短小，头大颈短，它们具有小的花瓣状耳朵，位于头顶的两侧，具有小三角形嘴。美国豚鼠育种协会（American Cavy Breeders Association）认定的豚鼠品种有13种。短毛品种有阿比西尼亚（普通和缎毛）、美国（普通和缎毛）、泰迪（普通和缎毛）和白冠毛，长毛品种有王冠、秘鲁（普通和缎毛）、丝毛（普通和缎毛）和特塞尔卷毛。颜色有黑色、奶油色、红色、丁香色、米色、藏红花色和巧克力色等类型，毛发有长毛、短毛、卷毛和无毛等类型。西班牙、荷兰和英国商人把豚鼠带到欧洲之后，这种动物迅速成为上层社会和皇室的时髦宠物，甚至伊丽莎白女王也饲养豚鼠。

豚鼠的体型在啮齿类动物中偏大，体重介于 700～1 200 g，体长介于 20～25 cm。身材短小但是强壮有力，头较大、约占身体的 1/3，眼睛大而圆，耳朵短小、贴着头部。毛发粗糙而且很容易脱落，没有尾巴。豚鼠靠脚底走路，行走时脚跟着地。前脚平直而强健有力，一般都会有 4 个趾头，每个趾头上都有尖利的爪；后脚有 3 个有爪的脚趾，而且都比较长。豚鼠门齿很短，臼齿呈棱镜状，总是在不断生长。除了各自有特定的腺体外，雌雄两性都是相似的。

3. 毛丝鼠 毛丝鼠（*Chinchilla lanigera* Molina），是啮齿目毛丝鼠科毛丝鼠属动物的统称，又称绒鼠、绒毛鼠、龙猫等。原产于南美洲安迪斯山脉，寿命平均为 10～20 年。因其酷似宫崎骏创作的电影 *TOTORO* 中的龙猫，被香港人昵称为"龙猫"。现存品种有短尾毛丝鼠和长尾毛丝鼠，作为宠物饲养的一般是长尾毛丝鼠。

毛丝鼠的切齿十分发达，呈橙黄色，露于唇外。短尾毛丝鼠体型较大，体长 30～38 cm，尾长 10 cm 左右；长尾毛丝鼠体型较小，体长 24～28 cm，尾长 14～15 cm。各国饲养的几乎都是长尾毛丝鼠。毛丝鼠外形似具长尾的兔，但耳较兔小，呈钝圆形；前肢短小，有 5 趾，不善于刨挖，却善于巧妙地摆弄；后肢发达，有 4 趾，善于跳跃；尾长而蓬松似松鼠。成年雌鼠大于成年雄鼠，一般雌鼠体重 510～710 g，雄鼠体重 425～570 g。仔鼠初生重（44.83±6.69）g。毛丝鼠背部和体侧的被毛为灰蓝色，腹部被毛逐渐变浅至白色。体毛主要由绒毛组成，绒毛密而均匀，每个毛囊内簇生 50～60 根，每根直径仅 5～11 µm，细于蛛丝，每丛绒毛中有 1 根针毛，直径为 12～15 µm。毛被呈美丽的灰蓝色，毛干呈现出深浅交替的色带，接近毛根部为深瓦蓝色，毛干中段为白色。根据毛尖颜色的不同，又可分为浅、中、深三种类型，但从鼻尖到尾端的脊背部接近黑色，两侧稍浅，腹部有狭窄的分界明显的白色色带。通过人工杂交现已育成青玉色、米黄色、木炭色、黑色、白色和银色等。

4. 花枝鼠 花枝鼠，又名奶牛大白鼠。花枝鼠毛色像奶牛一样黑白相间。市面上常见的花枝鼠花色有纯白、纯咖、纯金、纯野鼠色、黑色头巾、野鼠色头巾、浅/深咖头巾、黑背白腹等。最常见的毛色为由前肢到头为巧克力色或黑色，称头巾，背部白色，但有黑色斑点或中间有一道黑毛。尾巴长度接近于身体长度，尾巴上也常有黑色斑块。花枝鼠分布于美国、中国，该物种在中国的饲养率没有国外的饲养率高。由于人类的长期饲养，花枝鼠不像平常的老鼠白天睡觉晚上活动，它们的休息时间与主人相同。一般公花枝鼠更温驯。

二、生活习性

宠物鼠大多是素食动物，主食为宠物鼠粮和提摩西草，需要经常磨牙。宠物鼠圈养寿命平均为 8 年。繁殖活跃的豚鼠通常寿命较短，为 3～5 年。经过饲养和驯化后，宠物鼠能够认识主人并做简单的动作。宠物鼠平日温和，不具任何主动攻击性，碰到敌人只有逃跑和朝敌人撒尿两招。

1. 小型草食动物，具有啮齿性 宠物鼠以各种坚果、种子、浆果、花、嫩叶为食，也吃少量昆虫。没有猫犬那样尖锐的牙齿，它们只有用来咀嚼草类食物的"黄金大板牙"，需要经常磨牙，喜欢坚硬的颗粒饲料，宠物鼠笼内必须放垫料，可酌情放些磨牙物品。与所有啮齿类动物一样，宠物鼠的牙齿生长很快，因此必须提供磨牙物品供其磨牙，准备一些悬挂咬串、磨牙石让其啃咬，如果发现耗损，应及时更换。高龄宠物鼠通常会出现牙齿的问题。

2. 昼伏夜出，胆小易惊 宠物鼠喜欢群居，有抓人的习惯，不喜攀登和跳跃，性情温驯、胆小易惊，有时发出"吱吱"的尖叫声，喜干燥清洁的生活环境，其活动、休息、采食多为集体行为，休息时紧挨躺卧，单笼饲养时易发生足底溃疡。群体中有专制型社会行为，1～2只雄鼠处于统治地位，一雄多雌的群体稳定性很强。宠物鼠生性胆小，对陌生动物不会凶猛攻击只会逃避。通常白天它们会躲起来休息，只会进食小量食物，直到黄昏时才开始活跃。宠物鼠有独特的身体结构，在黑漆漆的环境中也活动自如。因此，在饲养管理中要保持环境安静、动作轻稳。

3. 耐冷怕热，喜欢干燥　宠物鼠全身有浓密的被毛，汗腺不发达，因而有较强的抗寒能力，但耐热能力较差。必须保证室内温度15～23℃，绝对不可低于－5℃或高于28℃。要将宠物鼠笼放在阴凉、空气流通的地方。宠物鼠性情温驯、活泼好动、好奇心强，经过饲养和驯化后能够认识主人并做简单的动作。

三、饲养管理

1. 居住环境　宠物鼠饲喂笼具应选用镀锌电焊网制作的金属笼具（图4-7），网眼直径1.5 cm左右，越高大宽敞越佳。盛装颗粒饲料的食盒，可使用沉重不易踏翻的瓷盆。用草盒盛装干草，可用专用木质草架或使用沉重不易踏翻的瓷盆，并与颗粒饲料分开。使用专用乳头式饮水器，选择品质优良的饮水器以避免漏水造成笼内潮湿等。为了保持饲养箱内干燥，建议使用滚珠饮水器。另外，给予苹果树干木枝和磨牙石最佳，每天1根苹果树枝，并多悬挂玩具咬串，避免用纸制品和塑料制品。垫料可用专用纸棉，也可将专用木屑或木粒放在托盘内吸收尿液，垫料湿后，需及时更换。

相对于其他动物，宠物鼠是一种非常神经质的动物。宠物鼠听觉好、胆小、易受惊吓，因此饲养环境应保持安静，噪声在50 dB以下，最适温度为20～24℃。它们对噪声、陌生地方和陌生人也会很敏感。当它们感到害怕时，就会发出叫声，长期神经紧张以及狭小肮脏的居住环境会使宠物鼠养成咬毛的恶癖。宠物鼠笼子要摆放在安静的地方，如果周围环境吵闹，宠物鼠会因紧张而休息不好。宠物鼠可以多只一起饲养，但它们有地域性。如

图 4 - 7　宠物鼠饲喂笼具

果养多只宠物鼠，要注意活动空间是否足够。合笼时在非双方的地盘进行，成功机会较高。建议同性合笼，以免繁殖时期照顾不周造成伤害的情况产生。

2. 饲养指南　宠物鼠对纤维素需求量比较大，在配合饲料时应特别注意，饲料中粗纤维比例低，易引起豚鼠严重脱毛和相互吃毛现象。宠物鼠的牙齿依赖于进食草类食物进行适当的磨损。因此，宠物鼠饲粮颗粒应硬度合适，以避免粉料产生，确保饲料营养物质平衡，混合饲料较单一成分的饲料适口性更好。在现代生产过程中通过将配合全价饲料进行制粒就可以保持良好的适口性，只需要额外补充清洁饮水。注意不要喂食宠物鼠洋葱、葱、蒜、韭菜、生姜、巧克力、咖啡。宠物鼠自身不能合成维生素 C，必须从饲料中获取。维生素 C 的补给主要靠每天饲喂新鲜多汁的绿色蔬菜，北方的冬季可用胡萝卜和麦芽等代替。采用在饮水中加入维生素 C 或在混合颗粒饲料中添加微量元素、维生素、必需氨基酸等以代替青绿饲料，效果也比较好。宠物鼠对变质的饲料特别敏感，常因饲料霉变减食或废食，甚至引起妊娠鼠流产。宠物鼠对抗菌药物特别敏感，投药后容易引起肠炎，甚至死亡。饲料早晚各加 1 次，宠物鼠是夜行性动物，晚上要多喂一些。

第四节　羊　　驼

羊驼（学名为 *Vicugna pacos*，英文名为 Alpaca）为偶蹄目骆驼科的动物，体重 55～65 kg，头体长度 120～225 cm。外形有点像绵羊，一般栖息于海拔 4 000 m 的高原。每群 10 余只或数十只，由 1 只健壮的雄驼率领。以高山棘刺植物为食。发情季节争夺配偶现象十分激烈，每群中仅有 1 只成年雄驼存在。雌性羊驼妊娠期 11.5 个月，每胎 1 仔。春夏两季皆能繁殖。羊驼性情温驯，伶俐而通人性，除野生种外，还有相当数量的驯良种，被印第安人广泛地用作驮役工具，适于圈养，是南美洲重要的畜类之一。羊驼的毛比羊毛长，光亮而富有弹性，可制成高级的毛织物。世界现有约 300 万只羊驼，约 90％以上生活在南美洲的秘鲁及

图 4-8　羊驼

智利的高原上，其余分布于澳大利亚的维多利亚州以及新南威尔士州（图 4-8）。

一、主要品种

1. 羊驼的品种　羊驼根据其体型、外观主要分为瓦卡亚羊驼和苏利羊驼两个种类。其中，作为宠物饲养的主要是瓦卡亚羊驼。

（1）瓦卡亚羊驼。瓦卡亚羊驼是世界上主要的羊驼品种，全世界瓦卡亚羊驼总量占羊驼总量的94％。瓦卡亚羊驼绒毛易于加工处理。瓦卡亚羊驼绒毛可分成许多级别，由于绒毛的卷曲度使

得瓦卡亚羊驼圆圆的，给人一种毛茸茸的感觉。瓦卡亚羊驼毛类似于美利奴羊毛，但手感更柔软，可与羊绒媲美。瓦卡亚羊驼绒毛被广泛应用于多种纤维加工业，可用于制作针织衣物、毛毯，以及与其他天然纤维混纺成纱线。最适于作为制作精细的西装面料的原料，瓦卡亚羊驼毛是当今世界流行最广的羊驼面料的原料来源。

（2）苏利羊驼。苏利羊驼毛具有独特的毛纤维特性，驼毛不仅细长，而且犹如丝绸般光滑，均匀柔顺地下垂，犹如卷曲的长发，一绺一绺的。质地上乘的苏利羊驼毛具有很强的光泽度，在阳光下会闪闪发光，手感就像丝绸。驼毛纤维中含髓量极少，因而手感较好，且光泽度较高，纤维组织中不含鳞片，更适于精纺织物的加工。世界上苏利羊驼相当稀有，而白色品种更为稀有，全世界仅有100 000多只。

2. 羊驼形态特征　成年羊驼体重 55～65 kg,体长 120～225 cm，尾长 15～25 cm，肩高 90～130 cm。头小、耳朵大而尖。毛皮颜色均匀或多色。据羊驼业主和育种者协会统计，羊驼被毛的颜色多达22 种，从白色到黑色和棕色都有。成年雄性的上下门齿和犬齿发展成斗齿或尖牙，可长达 3 cm。雌性的这些牙齿生长发育不同于雄性。除牙齿形态的差异，羊驼的两性异形不明显。

羊驼头似骆驼，鼻梁隆起，两耳竖立，脖颈细长，没有驼峰。羊驼的毛纤维长而卷曲，毛长可以达到 20～40 cm，细度可以达到 15～20 μm，并且具有光泽，可以形成很大的卷，在羊驼身体两侧呈现波浪形披覆，轻柔而富有弹性。羊驼的尾部特征明显，尾巴比驼羊的长，驼羊尾部多数看不到尾巴。羊驼体型较大，大约是驼羊的 2 倍。

二、生活习性

1. 性情温驯　羊驼性情温驯，胆子小，如果人喂它，它一定要等人走开后才去吃，即使是很熟悉的主人也是如此。但是，它有时也会发脾气。例如，当遇到不顺心的事时，它能像骆驼那样从鼻中喷出分泌物和粪便来，或向别的动物脸上吐唾沫，以此来发泄胸中之怨。当它感到痛苦时，也能像骆驼一样发出悲惨的声音。羊驼的听觉很敏锐，可利用它来发现敌情，及早地决定逃跑的方向。

2. 群体生活 羊驼以群体生活为主，在安第斯山的山林中经常能看到 200 只以上的羊驼生活在一起。它有高度的警觉性，在吃草时，总要派 1 只或数只担任警卫，而且它还能预知天气变化，每次遇到暴风雨来临，"警卫员"就会携带全群向安全的地方转移。

三、饲养管理

由于羊驼产自国外，引进成本较高，加上考虑到外来物种入侵的原因，国内禁止大量引进养殖，所以目前国内专业的羊驼养殖基地较少，仅有少量养殖作为宠物销售，这直接导致羊驼的价格不会太亲民。中国首个海上羊驼公园于 2014 年落户烟台，吸引了大量游客前往观光、游览。

1. 修建羊驼舍 羊驼舍要有足够大的空间和适合它们的设施。馅饼式的设计可以有效利用每个栅栏门到达畜舍的所有区域，通常将其分割成一定数量的区域，并在每个畜栏安装自动饮水系统（设备便宜而且便于安装），以便羊驼可以随时享用充足的水源。饲喂羊驼可用水桶，也可用长槽以便于集体喂养（图 4 - 9）。

围建栅栏。栅栏应该能够防止其他动物的袭击和羊驼的逃脱。围建栅栏的材料可以用钢管，或者其他坚固的材料。栅栏高度2.5～3 m，每根钢管的间隔 10 cm 左右。畜舍隔栏和门的设计应满足方便把羊驼从一块草地赶到另一块草地；而且还应有一块便于抓到羊驼的栅栏，并把门设计成可转换的方式，以便于捕捉羊驼或注射疫苗。安置10～15 只羊驼，比较合适的栅栏大小约为 450 cm×600 cm。

选择合适的草地。这一步尤为重要，只有一块肥沃、干净的草地，才能养出绒毛质量较高、外观漂亮的羊驼。

2. 繁殖 母羊驼一般在 12 月龄时配种，美国羊驼一般在 18 月龄配种。一只健康、有繁殖能力的母羊驼，每年可产 1 只小羊

图 4-9　羊驼圈舍

驼，可持续繁殖 15～16 年。母羊驼在诱发排卵的条件下，在任何时候都能受孕，大多数情况下安排在春夏季节交配，以避免冬季分娩。羊驼是单胎动物，妊娠期长（342～345 d），第 1 个月流产率较高，所以羊驼的繁殖率较低。因此，提高羊驼的繁殖率，是发展羊驼养殖业面临的主要问题。交配通常是在人工控制的条件下进行，以确保可做精确的记录。

　　首先将公母羊驼安置到一个单独的栅栏中，如果母羊驼卧下，也就是做好了交配准备，正常情况下一般 20～40 min 交配完毕。公羊驼在交配过程中诱发母羊驼排卵。

　　第 1 次交配 7 d 后，将公羊驼再次引到母羊驼处，如果母羊驼见到公羊驼后就扒地、跑开，那就表示已经受孕。60 d 时，采用超音频音响测试受孕状况。母羊驼一般在日间分娩，而且小羊驼出生 2 h 后就可站立。许多饲养员都会在开始的几天内给小羊驼身上盖上一层东西，尤其是在气候不稳定的时候。目前，主要采用先进的科学技术手段来提高羊驼的繁殖率，人工授精、胚胎移植和孕酮植入这些技术可望能为未来羊驼养殖业发展助一臂之力。

　　3. 日常管理　羊驼需要比较大的空间来活动，1 亩地一般只能放养 10 头羊驼，因此最好是选择一个地形宽阔，没有山丘或河流、断层等地形的牧场来进行放牧，在较为疏散的果园中养殖也是可行的，但要注意到清理场地的难度问题。

羊驼一般每年只能剪 1 次毛，剪毛时不要弄脏羊驼毛。剪毛之前，要保持羊驼至少 4 h 待在没有任何脏物的圈里不吃不喝。应防止 3 类污染：一是天然污染；二是外界污染；三是日常照料时弄脏的污染。天然污染主要是指白色羊驼身上有色毛，因为这些毛不能染成浅色纺织品。枯黄色的毛是长久积累下的羊毛脂和汗腺分泌物形成的，粪便和尿液污染也能导致羊驼枯黄色毛的形成，细心的照料和良好的喂食习惯可以尽量避免这些问题。外界污染主要是由羊驼的生活环境造成的，包括牧草等因素，如带刺的草、草种、刺果、草秆、小树枝、树皮等。

第五节　矮　　马

矮马因其小巧玲珑、天资聪颖、性情温驯而深受人们的喜爱，可用于观赏、娱乐、实验和劳役，也是小朋友和老年人很好的"朋友"。因为数量稀少，更显得珍贵，可以说是马中之宝。近几年，随着休闲农业发展，矮马的市场价值越来越高。

一、主要品种

关于矮马（pony）的定义在国际上是有标准的，即成年以后的身高不能超过 1.06 m。

1. 德保矮马　德保矮马是一种优良的矮马品种。成年的德保矮马身高一般在 1 m 左右，比较娇小的个体也有长到 80 cm 的。它们虽然长得矮，但是奔跑速度和耐力比较强，所以也可以骑乘。值得一提的是，德保矮马这个名字虽然很像外国马种，但其实它们却是不折不扣的国产马种，而且德保矮马的培育年代非常悠久，最早可以追溯到西汉时期。当时这种马在我国并不叫小矮马、矮种马或是迷你马，而是被称为果下马。要知道果树一般都是比较低的，可以在果树下面奔跑的马可想而知身高几何。

2. 设特兰矮马　矮马的基因源头除了我国的德保矮马以外，还有一种就是英国产的设特兰矮马了。设特兰矮马顾名思义，其最初产自英国设特兰群岛，并且曾经是英国皇室的专属宠物之一。设特兰矮马的身高比我国产的德保矮马还要更矮一些，其成年后的身高只有 80 cm 左右，比较极端的个体甚至身高只有 70 cm，并且因为人们对矮马的"矮小化"有极端的追求，所以设特兰矮马的身高还在不断变小。

3. 法拉贝拉矮马　法拉贝拉矮马出自阿根廷的法拉贝拉牧场，同时它们也是世界上体型最小的小矮马。其成年以后的身高只有 38 cm 左右，体重甚至连 10 kg 都不到。不要说与一些大中型犬相比，即便是跟一些小型犬类站在一起，体型上也没有丝毫优势。而这种马也完全被当作"娱乐工具"，不具备任何驮载能力，奔跑速度也比较差。虽然法拉贝拉矮马是由阿根廷人培育的，但是这种马的源头却是设特兰矮马。最早是由育种专家经过一代代"基因改良"和不断地选育培育出来的。然而，法拉贝拉矮马的体质比较差，尽管其长相可爱且价值不菲，但其饲养难度很大。

二、生活习性

1. 单胃草食动物　矮马属于单胃草食动物，食道狭窄，大肠特别是盲肠异常发达，有助于粗饲料消化吸收。无胆囊，胆管发达。牙齿咀嚼力强，切齿与臼齿之间的空隙称为受衔部，装勒时放衔体，以便驾驭。头面平直而偏长，耳短。四肢长，骨骼结实，肌腱和韧带发育良好，附有掌枕遗迹的附蝉（俗称夜眼），蹄质坚硬，能在坚硬地面上奔跑。毛色复杂，以骝、栗、青和黑色居多；被毛春、秋季各脱换 1 次。汗腺发达，有利于调节体温，不畏严寒酷暑，容易适应新环境。胸廓深广，心肺发达。

2. 听觉和嗅觉敏锐　听觉和嗅觉敏锐。两眼距离大，视野重叠部分仅有 30%，因而对距离判断力差；眼的焦距调节力弱，对 500 m 以外的物体只能形成模糊图像，而对近距离物体则能很好地辨别其形状和颜色。头颈灵活，两眼可视范围达 330°～360°。眼底视网膜外层有一层照膜，感光力强，在夜间也能看到周围的物体。矮马易于调教，能够通过听、嗅和视等感觉器官形成牢固的记忆。

三、饲养管理

矮马饲养一定坚持放牧，抓好夏膘保胎工作。夏季白天可顶风放牧，夜间凉爽则可顺风放牧。夜牧时要注意不惊扰马群，雷雨中更要注意，以免惊吓到妊娠母马而引发流产。夏季炎热，马容易干渴，每昼夜需饮水 2～3 次。赶向水源时，要慢慢前进，到一定距离时控制住马群，以免马急于喝水而发生呛水的情况。夏季放牧仍需补盐。夏天白天温度较高，很热，马通常不会好好吃草，而夜间温度通常会有所降低，天气凉爽，此时马食欲较好，所以要注意夜间补饲。

矮马饲养过程中，非常重要的一点就是要保证马体脂肪不能太多，否则矮马的生理功能、功用性就会大大下降，因此矮马通常以粗饲料为主、以能量饲料和蛋白质饲料为辅，适当添加矿物质、维生素添加剂。矮马对饲料的要求比较高，要求草的质量好，粗纤维含量少，没有被雨水淋泡。精饲料要保持干净无杂质，无发霉变质。矮马通常日喂 3～4 次，每天要定时饲喂，不得随意更改饲喂时间，以免破坏矮马的饮食规律而导致消化系统紊乱。每天的精饲料在白天分 2～3 次饲喂，每次饲喂时，应本着先粗后精的原则，即先喂粗饲料，后喂精饲料。提倡晚上补饲，俗话说，马无夜草不肥，这是有一定科学道理的。同样，饮水对矮马来说也非常重要。如果矮马缺水，会严重影响矮马的健康。马厩内要常备清洁、新鲜饮水，保证矮马可以随时饮用。矮马饮水后，不能立即做剧烈运动。同样，剧烈运动后的矮马也不要立即饮水。

在日常饲养管理中，关于矮马的疾病防治，应坚持"预防为主、防重于治"的原则。由于矮马经常运动，所以矮马的常见疾病主要是外伤。出现外伤的矮马，患处表现为局部皮肤出现擦伤，有血液渗出。发生于四肢的外伤，马常因疼痛而出现跛行。因此，对于矮马外伤，从根本上要加强饲养管理，合理使役，避免发生各种损伤。药物治疗的原则是镇痛消炎，防止感染。先用氯化钠溶液对伤口进行喷洒消毒，然后再涂上消炎药膏。经过几个月的休养，伤势可逐渐好转。

第六节　梅　花　鹿

梅花鹿（*Cervus nippon*）是一种中小型反刍动物。毛色夏季为栗红色，有许多白斑，状似梅花；冬季为烟褐色，白斑不显著。颈部有鬃毛。雄性角长达 30～66 cm。梅花鹿群居性不强，雄鹿往往独自生活，活动时间集中在早晨和黄昏，生活区域随着季节的变化而改变。春季多在半阴坡，夏秋季迁到阴坡的林缘地带，冬季则喜欢在温暖的阳坡，主要以水果、草本植物、树芽、农作物为食。种群主要分布在俄罗斯东部、日本和中国（图 4 - 10）。

图 4 - 10　梅花鹿

一、形态特征

梅花鹿体长 125～145 cm，尾长 12～13 cm，肩高 70～95 cm，体重 70～100 kg。头部略圆，颜面部较长，鼻端裸露，眼大而圆，眶下腺呈裂缝状，泪窝明显，耳长且直立，颈部长，四肢细长，主蹄狭而尖，侧蹄小，尾较短。毛色随季节的改变而改变，夏季体毛为棕黄色或栗红色，无绒毛，在背脊两旁和体侧下缘镶嵌有许多排列有序的白色斑点，状似梅花，因而得名。冬季体毛呈烟褐色，白斑不明显，与枯茅草的颜色类似。颈部和耳背呈灰棕色，一条黑色的背中线从耳尖贯穿到尾的基部，腹部为白色，臀部有白色斑块，其周围有黑色毛圈。尾背面呈黑色，腹面为白色。雄性梅花鹿头上具有 1 对实角，角上共有 4 个杈，眉杈和主干成钝角，在近基部向前伸出，次杈和眉杈距离较大，位置较高，常被误以为没有次杈，主干在其末端再次分成两个小枝。主干一般向两侧弯曲，略呈半弧形，眉杈向前上方横抱，角尖稍向内弯曲，非常锐利。

二、生活习性

梅花鹿晨昏活动，生活区域随着季节变化而改变。春季多在半阴坡，采食栎、板栗、胡枝子、野山楂、地榆等乔木和灌木的嫩枝叶及刚刚萌发的草本植物。夏秋季迁到阴坡的林缘地带，主要采食藤本植物和草本植物，如葛藤、何首乌、明党参、草莓等。冬季喜欢在温暖的阳坡，采食成熟的果实、种子以及各种苔藓地衣类植物，间或到山下采食油菜、小麦等农作物，还常到盐碱地舔食盐碱。白天多选择在向阳的山坡，茅草深密、颜色与体色相似的地方栖息；夜间则栖息于山坡的中部或中上部，坡向不定，但仍以向阳的山坡为多，栖息的地方茅草相对低矮稀少。机警，行动敏捷，听觉、嗅觉均很发达，视觉稍弱，胆小易惊。由于四肢细长，蹄窄而尖，故而奔跑迅速，跳跃能力很强，尤其擅长攀登陡坡，能连续大跨度地跳跃，速度轻快敏捷。梅花鹿群居性不是很强，成年雄性往往独自生活，夏季和冬季会做短距离的迁移，有一定的领地意识，特别是繁殖季节。发生争端时，常以鹿角和蹄子作为主要武器。

三、饲养管理

梅花鹿是极有价值的经济动物，因此养好梅花鹿不仅能获得很好的观赏效果，也能获得较高的经济效益。梅花鹿胆小性怯，在人工饲养条件下，以大圈群养为宜，周围环境应保持安静，圈舍要宽敞，避免在受惊情况下狂奔乱跑而发生伤害。每只鹿平均占地面积为 $15\sim20$ m²。运动场要平坦，应稍有倾斜以便于排水，地面要铺设砖石。鹿舍以坐北朝南为宜，有利于阳光照射。

养好梅花鹿除必需的环境和设备条件外，日常管理也是不可忽视的一个环节。要求饲养员耐心细致地观察鹿群，熟悉和了解每只鹿的基本情况，如精神、食欲、反刍、鼻镜、粪便等状况。夏季需搭设凉棚，鹿圈每天上午打扫 1 次，水槽、食槽每天要清扫，供给足够的饮水，并每半个月用碱水洗刷 1 次。饲养员入圈时要给鹿发出信号，避免外界的袭扰，特别是鹿在发情季节会变得极为凶猛，这时进入圈内就更要注意，以免被鹿顶伤。每年春、秋季各进行 1 次圈内和周围环境的大消毒，以防疾病发生。

梅花鹿是草食性反刍动物，应以青粗饲料为主，而且应多样化，再根据不同季节和不同生产阶段把混合饲料搭配进去，以补充其所需的营养。1 只成年鹿精饲料的日饲喂量情况：1—2 月 2.5 kg，3—8 月 1.5 kg，9—11 月 0.75 kg，12 月 1.0 kg。粗饲料，夏季青草 5.0 kg，冬季干草 1.5 kg。其他多汁饲料适量。

参 考 文 献

安军，郭海燕，陈建中，2009. 城市宠物饲养中存在的问题及对策——以河北邯郸城市为例 [J]. 中国动物检疫，26（1）：13-14.

北京克劳沃草业技术开发中心，2016. 饲用燕麦种植管理技术 [J]. 今日畜牧兽医（4）：34-35.

边涛，姚婷，樊霞，2021. 宠物饲料标签检验常见问题及改进措施分析 [J]. 中国饲料（19）：60-63，73.

曹旭，陈仙祺，陈张好，等，2021. 宠物清洁用品现状与市场浅析 [J]. 中国洗涤用品工业（6）：40-46.

曹艳，2018. 蒲公英一种多收绿色栽培技术 [J]. 长江蔬菜（21）：29-31.

曹志红，万丽娜，徐杰，2018. 宠物荷兰垂耳兔的饲养管理要点 [J]. 特种经济动植物，21（11）：6-7.

曹致中，2005. 草产品学 [M]. 北京：中国农业大学出版社.

陈峰，张栋，孔祥华，等，2019. 依照豚鼠生理学特点分析饲养管理方法 [J]. 中国畜牧业（21）：46-47.

程尧，黄静，郑红，等，2021. 羊驼的饲养管理 [J]. 特种经济动植物，24（8）：22-23.

丛文，2009. 松鼠的人工饲养技术与技巧 [J]. 北京农业（7）：33.

崔淑芳，陈学进，2013. 实验动物学 [M]. 上海：第二军医大学出版社.

董宽虎，沈益新，2003. 饲料生产学 [M]. 北京：中国农业出版社.

符慧君，2020. 宠物饲料标准及其法律规范——评《宠物食品法规和标准》[J]. 中国饲料（18）：154-155.

甘露，陈政谕，2020. 提高德保矮马繁殖力的饲养管理措施 [J]. 兽医导刊（17）：108.

顾宏伟，2020. 梅花鹿饲养管理技术要点 [J]. 养殖与饲料，19（12）：99-100.

郭太雷，刘皆惠，李应红，2018. 鸭茅高产栽培技术 [J]. 贵州畜牧兽医，42

（5）：66-68.

郭莹，杜久元，张雪婷，等，2021. 我国饲草生产现状及发展对策 ［J］. 畜牧
　　与饲料科学，42（2）：85-90.

韩春梅，2011. 荆芥高产栽培技术 ［J］. 四川农业科技（6）：1.

何大庆，曹双俊，欧阳敏，2003. 浅谈宠物及其饲料市场 ［J］. 广东饲料
　　（2）：17-19.

何峰，李向林，2010. 饲草加工 ［M］. 北京：海洋出版社.

何仲庆，2020. 燕麦生物学特性及旱地高产栽培技术 ［J］. 生产指导，31
　　（8）：22，24.

胡建华，姚明，崔淑芳，2009. 实验动物学教程 ［M］. 上海：上海科学技术
　　出版社.

贾春林，王者勇，2019. 牧草种植与利用技术问答 ［M］. 北京：中国农业科
　　学技术出版社.

姜涛，2021. 梅花鹿饲养管理的技术要点分析 ［J］. 吉林畜牧兽医，42（11）：
　　80，82.

金辰禹，刘文歌，2022. 我国宠物物流发展现状及对策 ［J］. 物流技术，41
　　（1）：21-25.

金文，2020. 简介宠物兔的种类及饲养管理 ［J］. 中国养兔杂志（6）：33-35.

靳玲品，李秀花，2007. 蒲公英在畜牧业生产中的应用 ［J］. 畜牧与兽医，39
　　（6）：25-26.

荆璞，张伟，2013. 室内养殖松鼠秋季换毛序及新生被毛部分性状 ［J］. 东北
　　林业大学学报，41（7）：93-96.

阚书敏，2021. 饮食性饲料中缺锌对鼠牙发育矿化的影响——评《松鼠分散
　　贮藏行为》［J］. 中国饲料（6）：152.

李德发，1997. 现代饲料生产 ［M］. 北京：中国农业大学出版社.

李茂胜，2017. 猫尾草的栽培与加工技术 ［J］. 甘肃畜牧兽医，47（12）：
　　126-127.

李沐森，郭文场，2019. 松鼠的形态、人工饲养及利用 ［J］. 特种经济动植
　　物，22（8）：5-7，15.

李先芳，丁红，2000. 鸭茅生物学特性及栽培技术 ［J］. 河南林业科技，20
　　（3）：24-25.

李祥旭，2013. 如何为宠物兔选择日粮 ［J］. 经济动物学报，17（4）：
　　245-246.

李欣南，阮景欣，韩镌竹，等，2021. 宠物食品的研究热点及发展方向 [J]. 中国饲料 (19)：54-59.

李钰，王存芳，2015. 宠物粮的特性及其发展研究 [J]. 饲料研究 (24)：9-12.

林莉莉，2000. 宠物和城市生活 [J]. 社会 (9)：17-18.

刘公言，刘策，白莉雅，等，2021. 饲料添加剂对宠物被毛健康影响的研究进展 [J]. 饲料研究，44 (10)：146-149.

刘可园，李光玉，2020. 我国宠物犬饲料研究现状 [J]. 饲料工业，41 (19)：60-64.

刘伟春，2021. 燕麦特征特性与种植要点 [J]. 农业工程技术，41 (26)：74，76.

刘晓菲，2013. 动物：全世界 100 种动物的彩色图鉴 [M]. 北京：中国华侨出版社.

刘喆，1991. 有饲养价值的毛皮动物——豚鼠 [J]. 吉林畜牧兽医 (1)：47-48.

刘真超，2021. 梅花鹿饲养管理综述 [J]. 农业灾害研究，11 (2)：21-22，24.

刘忠慧，2018. 宠物幼兔饲养管理要点 [J]. 中国养兔 (6)：43，42.

吕兵兵，2019. 宠物饲草：小产业也有大作为 [J]. 中国农垦 (2)：54-55.

马天雨，徐明丽，王梦飞，2018. 观赏鱼常见的发病因素及预防 [J]. 农业与技术，38 (23)：123-124，127.

梅胜尧，张逸民，高庆发，等，2021. 浅析豚鼠实验室饲养和管理方法 [J]. 中国畜禽种业，17 (8)：49-50.

聂姗姗，强鹏涛，于文，2019. 宠物行业市场概况和宠物清洁用品现状 [J]. 中国洗涤用品工业 (8)：23-27.

钱家骏，姚凤生，李巧帆，1985. 脱水蔬菜饲料应用于金黄仓鼠的饲养效果（摘要）[J]. 上海实验动物科学 (3)：166.

任昱春，2021. 天祝县羊驼饲养管理技术 [J]. 中国畜禽种业，17 (7)：108-109.

山东农学会，2022. 宠物饲料　黑麦草干草，T/SAASS 3-2022 [S]. 济南：山东省农业科学院休闲农业研究所.

山东农学会，2022. 宠物饲料　苜蓿干草粉，T/SAASS 6-2022 [S]. 济南：山东省农业科学院休闲农业研究所.

山东农学会，2022. 宠物饲料 小麦苗干草，T/SAASS 5-2022［S］. 济南：山东省农业科学院休闲农业研究所.

山东农学会，2022. 宠物饲料 燕麦干草，T/SAASS 4-2022［S］. 济南：山东省农业科学院休闲农业研究所.

山东农学会，2022. 宠物饲料 梯牧草干草，T/SAASS 3-2022［S］. 济南：山东省农业科学院休闲农业研究所.

宋志萍，贾玉山，格根图，等，2009. 草颗粒天然防霉剂的防霉效果研究［J］. 内蒙古草业，21（1）：59-61.

孙永泰，2014. 松鼠的人工饲养技术［J］. 农村实用技术（11）：39.

陶艳，李泉清，2019. 宠物市场发展状况及宠物洁护用品市场分析［J］. 中国洗涤用品工业（8）：48-52.

田可可，2020. 宠物鼠——新晋的热门小宠［J］. 旅游世界（Z1）：55-57.

田莉莉，2019.2019 年宠物产业白皮书［R/OL］.（2019-08-15）［2022-03-24］. www.goumin.com.

万鹰，彭清，2010. 赤腹松鼠生物学特性及其防治［J］. 中国林业（4）：43.

王成章，2003. 饲料学［M］. 北京：中国农业大学出版社.

王汉元，2017. 宠物仓鼠饲养新方法［J］. 现代畜牧科技（1）：16.

王拓，何蕾，2021. 中美宠物行业发展对比和宠物清洁护理产品现状［J］. 中国洗涤用品工业（6）：63-67.

王宇，姜巨峰，史东杰，等，2021. 中国金鱼产业发展现状与机遇［J］. 中国渔业经济，39（1）：74-80.

王照南，郭守明，1996. 黑线仓鼠在人工条件饲养下的行为观察［J］. 动物学杂志（6）：25-26.

王壮，赵秀玲，陈静波，2021. 简述兔子的品种及经济价值［J］. 中国养兔杂志（3）：45-48.

魏琳琳，孙建云，2017. 卫生毒理学动物实验基本操作指南［M］. 兰州：甘肃科学技术出版社.

吴志，2020. 饲用燕麦的营养价值及利用探析［J］. 现代农业科技（12）：223，225.

吴忠海，杨曌，李红，2014. 猫尾草栽培与利用［J］. 现代畜牧科技（1）：199-200.

夏雨萱，高煜芳，2020. 宠物鸟线上交易与快递运输的现状及建议［J］. 中华环境（9）：50-54.

杨东民，2019. 小麦高产种植技术分析 [J]. 农业与技术，39（21）：111-112.

杨玉平，李瑶，周延林，等，2002. 黑线仓鼠室内饲养与繁殖的研究 [J]. 内蒙古大学学报（自然科学版）(2)：201-204.

姚婷，刘晓露，王继彤，等，2021. 我国宠物饲料行业概况及发展趋势 [J]. 中国饲料（21）：80-84.

玉柱，贾玉山，2010. 牧草饲料加工与贮藏 [M]. 北京：中国农业大学出版社 .

玉柱，贾玉山，张秀芬，2004. 牧草加工贮藏与利用 [M]. 北京：化学工业出版社 .

玉柱，孙启忠，2011. 饲草青贮技术 [M]. 北京：中国农业大学出版社 .

曾福龙，2020. 试论羊驼的饲养技术 [J]. 畜牧兽医科技信息（7）：178.

张冬生，江彩华，肖腊兴，等，2007. 猫尾草的价值与栽培技术 [J]. 林业与环境科学，23（5）：92-94.

张含笑，刘书含，郭甜甜，2018. 浅析中国宠物医疗保险市场——以美国为鉴 [J]. 企业科技与发展（4）：303-306.

张黎梦，廖品凤，杨康，等，2020. 我国宠物饲料的发展现状与展望 [J]. 广东饲料，29（11）：11-12.

张丽霞，2020. 梅花鹿不同生长阶段的饲养管理 [J]. 中国畜牧业（20）：63-64.

张瑞春，王金合，郑宝亮，2019. 国内宠物医疗行业人才发展现状探析 [J]. 畜牧与饲料科学（7）：73-76.

张晓溯，2014. 猫薄荷再生体系建立及生物活性研究 [D]. 合肥：安徽农业大学 .

张秀芬，1992. 饲草饲料加工与贮藏 [M]. 北京：中国农业出版社 .

张英俊，张玉娟，潘利，等，2014. 我国草食家畜饲草料需求与供应现状分析 [J]. 中国畜牧杂志，50（10）：12-16.

张泽峰，2020. 饲养宠物鼠要注意 [J]. 山西老年（12）：42.

赵变荣，2016. 猫尾草丰产栽培技术 [J]. 现代园艺（22）：31-32.

赵正海，2020. 羊驼的生活习性及开发利用价值 [J]. 畜牧兽医科技信息，(10)：199.

左建国，2017. 关于小麦种植技术及病虫害防治技术研究 [J]. 农业科技通讯（2）：145-147.

AVMA（American Veterinary Medical Association），2007. US Pet Ownership and Demographic Source Book [M]. Schaumburg, Illinois, USA.

Grannis J, 2002. US Rabbit Industry Profile [M]. Fort Collins, Colorado, USA: USDA: APHIS: VS, Centers for Epidemiology and Animal Health.

Hayssen V D, Van Tienhoven A, Van Tienhoven A, et al. , 1994. Asdell's patterns of mammalian reproduction: A Compendium of Species-specific Data [J]. Canadian Veterinary Journal, 35 (10): 658.

Sachser N. Of Domestic and Wild Guinea Pigs. 1998. Studies in Sociophysiology, Domestication, and Social Evolution [J]. Naturwissenschaften, 85 (7): 307-317.

Wilson D E, 1993. Mammal species of the world: a taxonomic and geographic reference [M]. 2nd. Baltimore Washington & London Smithsonian Press.